KAMASUTRA KOPFÜBER

TOBIAS NIEMANN

KAMASUTRA KOPFÜBER

Die 77 originellsten Formen der Fortpflanzung

MIT ZEICHNUNGEN VON GÜNTER MATTEI

C.H.BECK

Mit 30 Abbildungen im Text
© Günter Mattei

© Verlag C.H.Beck oHG, München 2010
Satz: Fotosatz Amann, Aichstetten
Druck und Bindung: GGP Media GmbH, Pößneck
Gedruckt auf säurefreiem, alterungsbeständigem Papier
(hergestellt aus chlorfrei gebleichtem Zellstoff)
Printed in Germany

ISBN 978 3 406 59877 7

www.beck.de

Inhalt

Wie es früher war

Es geht auch ohne

Warum das alles?

War es die Lust am Sex oder der Wunsch nach Nachwuchs, der unsere Vorfahren intim werden ließ? Weder noch. Lediglich der Austausch genetischer Information stand im Mittelpunkt. Schon vor Milliarden Jahren, zu einer Zeit, als die Welt noch ihnen allein gehörte, entdeckten manche Bakterien die Zweisamkeit. Sie durchmischten ihre Gene und erhofften sich damit eine bessere Anpassung an die Umwelt, also einen Vorteil gegenüber ihren Artgenossen, die keine Gene tauschten. Vermehrt haben sich die Bakterien durch Zellteilung.

Die Lebewesen sind inzwischen größer und vielfältiger geworden. Der Sex entwickelte sich mit einer Vielzahl von spannenden, raffinierten und unvergleichlichen Varianten. Dabei sorgt der Trieb für den Nachwuchs und mitunter für Spaß. Ist das der neue Sinn von Sex?

Genau genommen ist Sex und damit der Mann völlig überflüssig. Verschiedene Tiere wie Rädertierchen, manche Fische und Eidechsen machen vor, wie es viel einfacher geht. Ein einziges Geschlecht genügt ihnen vollkommen. Männer gibt es nicht, nur Frauen der Schöpfung. Eine Jungfernzeugung macht das Unmögliche möglich. Aus einer unbefruchteten Eizelle entwickelt sich der Nachwuchs. Also keine nervtötende und aufwendige Suche nach einem Partner im Meer, auf dem Blatt, in der Wüste oder der Disco. Keine Vergeudung von Spermien, von denen sowieso nur die wenigsten unter den Millionen ihr Ziel finden. Kein teures Hochzeitskleid, sei es in Form von Federn, bunten Schuppen oder Tüll und Seide. Die eingeschlechtlichen Lebewesen pflanzen sich zudem doppelt so erfolgreich fort: Wo nur Frauen sind, kann es nur Mütter geben. Auf diese Weise setzen diese ausschließlich weiblichen Tiere schneller und effektiver mehr Nachwuchs in die Welt. In kürzester Zeit dürften sie damit den Sex und die Männer vom Weltmarkt verdrängen.

Wozu ist Sex dann gut? Männer gibt es zuhauf und Sex haben die meisten. Soll der ganze Spaß tatsächlich nur dem Spaß dienen? Mit solchen spaßigen Theorien geben sich die Sexforscher nicht ab. Sie besinnen sich auf die Milliarden Jahre alten Bakterien. Veränderte Umweltbedingungen erfordern zum Überleben verbesserte Gene. Das gelingt – wie erwähnt – nur durch eine regelmäßige Durchmischung des Erbguts. Lebewesen, die nur weiblich sind, bekommen aber mit der Jungfernzeugung nur identische Kopien ihrer selbst. Mutter Natur verfügt mithin schon seit einigen Millionen Jahren über eine effektive Klontechnik. Über Generationen gleichartige Klone können sich jedoch Umweltveränderungen wesentlich schlechter anpassen. Auf lange Sicht müssten die eingeschlechtlichen Tiere infolgedessen von uns Zweigeschlechtlern verdrängt werden.

Sieht man einmal von Katastrophen wie riesigen Meteoriteneinschlägen oder explodierenden Atombomben ab, so ändern sich die Umweltbedingungen recht langsam. Der Vorteil der Zweigeschlechtler, schnell auf die Umwelt zu reagieren, erscheint somit belanglos. Denn die Eingeschlechtler können sich auf die sehr gemächlichen Veränderungen ziemlich gut einstellen. Sie vertrauen darauf, dass sich ihre Gene zufällig ändern. Diese Mutationen ermöglichen ihnen letztlich, sich schleichenden Umweltveränderungen anzupassen. Mithin könnten auf lange Sicht wiederum die eingeschlechtlichen Lebewesen die Zweigeschlechtler verdrängen.

Wie man es dreht und wendet: In der Forschung bleibt der Spaß am Sex auf der Strecke. Doch die nächste Theorie naht schon. Nicht träge Umweltveränderungen machen die Durchmischung des Erbguts und damit Sex notwendig, sondern die sich viel schneller verändernden Mitlebewesen. Besonders lästige Zeitgenossen wie Krankheitserreger und Parasiten sollen demnach für unseren Sex verantwortlich sein. Krankheitserreger und Parasiten testen uns auf Herz und Nieren, schlagen auf den Magen und kommen die Galle hoch – kein Organ ist vor ihnen sicher. Damit wir gegen die Plagegeister nicht den Kürzeren ziehen, müssen wir Zweigeschlechtler ständig unsere Gene neu kombinieren und so immer wieder neue Abwehrmechanismen entwickeln. Die körperliche Liebe im Kampf gegen den Parasitismus! Ob diese Theorie Bestand haben oder durch noch plausiblere abgelöst wird, werden zukünftige Naturwissenschaftler zeigen. Schon jetzt aber verrät dieses Buch faszinierende Tricks und spektakuläre Stellungen zur Neukombination der Gene, präsentiert von verschiedenen Bewohnern der Erde. Von den Sexpraktiken des *Homo sapiens* wurde Abstand genommen, da diese vermutlich schon zur Genüge bekannt sind. Diesen jedoch viel Spaß – beim Lesen des Buchs natürlich – wünscht

Tobias Niemann

Mini-Mann und Mega-Frau

Dass sich Mann und Frau voneinander unterscheiden, wird niemand ernsthaft bestreiten. Das zeigt sich beim Einparken, bei Brüsten, Glatzen und bei verschiedenfarbigen Fell- oder Federkleidern von Tieren. Doch für die Grüne Bonellia (*Bonellia viridis*) sind das Kleinigkeiten. Das Bonellia-Weibchen ist tausendmal größer als das Männchen. Deswegen haben Forscher die Männchen auf dem Weibchen früher für kleine Parasiten gehalten, etwa wie Läuse oder Flöhe auf Hunden.

Dieses ungleiche Paar gehört zum wenig bekannten Stamm der *Echiurida* oder Igelwürmer, die Ähnlichkeiten mit Regenwürmern aufweisen. Igelwürmer leben auf dem Meeresboden in einer Tiefe von bis zu zehntausend Metern. Sie haben einen ausfahrbaren Rüssel, mit dem sie auf Nahrungssuche gehen. Im sogenannten Hautmuskelschlauch, dem Körper des Wurms, sind die üblichen Organe zu finden: Verdauungssystem, Geschlechtsorgane, Nerven. Überflüssig scheinen dagegen Augen, Nase und Ohren. Äußerlich könnte man die Grüne Bonellia leicht mit einer eingelegten Gurke verwechseln. Den Namen hat die Grüne Bonellia von ihren mit grünem Bonellin gefüllten Pigmentzellen, einem dem Chlorophyll ähnlichen Farbstoff. Dieser ist giftig und dient der Abwehr von Feinden.

Wie steht das einen Millimeter kleine Männchen bei dem einen Meter großen Weib seinen Mann? Die Vorstellung eines

Ganzkörperoralverkehrs mag helfen: Das Weibchen schluckt das Männchen für die Befruchtung ihrer Eier. Bis zu fünfundachtzig Männchen wurden schon im Darm eines Weibchens gefunden. Hin und wieder bohrt sich eines der Männchen durch die Darmwand, um durch die Leibeshöhle zum Eileiter zu wandern. Dort befruchtet es mit seinem Samen die Eier. Bei den kleinen Herren der Schöpfung haben sich die ohnehin nur rudimentär ausgebildeten Organe noch weiter zurückentwickelt und beschränken sich auf das zur Fortpflanzung Nötigste: Die frühere Speiseröhre bildete sich zum Samenspeicher und -leiter um. Genau genommen spuckt das Männchen seinen Samen also direkt aus dem Mund – eine Art Ganzkörperejakulation?

Aus den befruchteten Eizellen entstehen zunächst geschlechtslose Larven. Werden sie durch die Meeresströmung weggetrieben, entwickeln sie sich zu riesigen Weibchen. Haften die Larven jedoch an einem Weibchen, so entwickeln sie sich zu winzigen Männchen. Ausgelöst wird dies durch einen unbekannten Stoff in der Haut des Weibchens, den die Biologen vorausschauend und präzise als «Maskulinisierungsfaktor» bezeichnen. Ihre sonderbare Fortpflanzung ist vielleicht ein eleganter Weg, sich in neuen Lebensräumen auszubreiten. Dort, wo noch keine Weibchen zu finden sind, werden auch keine Männchen zur Befruchtung benötigt. Alle neu ankommenden Larven werden Weibchen und besiedeln den neuen Lebensraum. Sind sie geschlechtsreif, lassen sich neu angetriebene Larven auf ihnen nieder, entwickeln sich zu Männchen und der Kreis des Lebens schließt sich.

Wenn Amors Pfeil wirklich trifft

Helix *pomatia*, die Weinbergschnecke, gehört zur Familie mit dem wunderschön klingenden Namen Schnirkel-Schnecken. Vielen ist sie als Delikatesse bekannt. Schon Napoleons Armee führte eingemachte Weinbergschnecken als eiserne Ration mit sich. Man glaubte damals, dass der Genuss von Weinbergschnecken Krankheiten wie Keuchhusten und Asthma heilt. Unter Biologen sind Weinbergschnecken nicht für ihre kulinarischen und umstrittenen medizinischen Qualitäten bekannt, sondern geradezu berüchtigt für ihr äußerst ungewöhnliches Geschlechtsleben. Sie gehören zu den wenigen Zwittern im Tierreich. Das heißt, sie sind gleichzeitig Frau und Mann. Für Weinbergschnecken eine ganz einfache Geschichte:

Weinbergschnecken produzieren sowohl Eier als auch Samen. Der Mann in der Schnecke führt seinen Samen über den Zwittergang und Samenleiter zum ausstülpbaren Penis. Hier wird er zu einem Samenpaket verklebt. Die Frau in der Schnecke befördert die Eier über denselben Zwittergang hingegen in die Befruchtungstasche, wo sie auf die Samenpakete warten. Weiterhin finden sich bei ihr diverse Drüsen und Anhangsorgane, die unter anderem der Kopulationserleichterung dienen. Besonderes Augenmerk verdient der Liebespfeilsack, dessen Inhalt eine bestechende Rolle spielt, wenn die Weinbergschnecke Liebe macht.

Wenn sich zwei Schnecken zwischen Mai und Juli über den Weg kriechen, so entwickelt sich ein bis zu mehrere Stunden dauerndes Liebesspiel. Sie richten sich Sohle an Sohle auf und lassen ihre spitzen und kalkhaltigen Liebespfeile aus den Köchern – den Liebespfeilsäcken – hervorschnellen. Damit stechen sie auf den Partner ein, was ihnen großes Vergnügen zu bereiten scheint. Aber auch der Schleim, der die Pfeile überzieht, spielt eine bedeutende Rolle. Eine darin enthaltene Substanz, die auf diese Weise injiziert wird, macht die Schnecke für den Samen der jeweils anderen empfänglicher. Bis zur eigentlichen Kopulation wechseln sich mehrfach Erregungsphasen und Ruhepausen ab. Mit überkreuzten Vorderkörpern und fest aneinandergeschleimten Fußsohlen vollziehen sie schließlich den Liebesakt. Die gegenseitige und gleichzeitige Begattung lässt die Weinbergschnecke die sexuellen Freuden beider Seiten erfahren. Eine Erfahrung, die sie den meisten Lebewesen voraushat.

Zu früh verausgabt

Wer glaubt, den dicken Macker spielen und mit schierer Potenz beeindrucken zu können, um so Erfolg bei den Damen und auch viel Nachwuchs zu haben, wird von *Ovis aries*, dem Hausschaf, eines anderen belehrt. Hier zeigt sich: Ob Leithammel oder Kleinhammel, jeder hat am Ende gleich viel Erfolg, obwohl der Chef der Herde zunächst ordentlich zur Sache geht.

Nicht nur Schafforscher, auch Hirten wissen, dass es unter Schafen während der Brunst alles andere als züchtig zugeht. Weibchen kopulieren mit verschiedenen Böcken und die Böcke mit mehreren Weibchen. Die Zahl der Paarungspartner lässt sich nicht an den Hufen abzählen und an den Fingern zweier Hände oft auch nicht. Natürlich dürfen nur die Stärksten unter den Böcken ran. Nicht umsonst wachsen den Schafen dicke Hörner auf dem Kopf, mit denen sie heftig um dieses Vorrecht kämpfen. Durchaus über die Hälfte aller Schafböcke können Schädelbrüche aus diesen Kämpfen davontragen. Die Gewinner paaren sich dann sooft es geht mit den Weibchen. Die Verlierer kommen, wenn überhaupt, nur selten in diesen Genuss.

Doch im Leben gibt es nichts umsonst. Auch wenn der Schafbock mit einem beeindruckenden Hoden ausgestattet ist, eine beachtliche Libido hat und Unmengen an Samen produziert, irgendwann wird selbst das reichste Füllhorn einmal leer. Der starke Bock hat nur noch schwächliche Samen auf Lager.

Das ist die Chance der Zukurzgekommenen. Da der rangniedere Bock es nur hin und wieder schafft, ein Weibchen zu begatten, ist sein Speicher mit Spermien noch prall gefüllt. So geht der schädelbrechende Konkurrenzkampf zwischen den Böcken in die nächste Runde – zwischen den Spermien im Eileiter der Weibchen. Jetzt ist das eigentlich schwächere Männchen eindeutig im Vorteil. Sein Sperma macht das Rennen bei der Befruchtung des Eis. Letztendlich sind die kleineren Böcke nicht weniger erfolgreich als die Leithammel, wenn es um die Vaterschaft geht.

Beobachtet wurde dieser Garten Eden für die, die sonst nichts zu melden haben, auf St. Kilda, einer kleinen Inselgruppe etwa einhundertfünfzig Kilometer vor der schottischen Küste. Bleibt zu hoffen, dass dieser Geheimtipp nicht in Kürze von Leidensgenossen überrannt wird.

Per Anhalter zum Sex

Ist Trampen eine willkommene Gelegenheit für sexuelle Abenteuer? *Cordylochernes scorpioides*, dem Harlekinbock-reitenden Pseudoskorpion, könnte man dieses Motiv unterstellen – tatsächlich ist aber diese Form von Abenteuer für sie und ihn überlebenswichtig, sichert es doch die Erhaltung der Art. Wenn dabei noch faulendes Holz ein wichtiges Element ist, werden vom Harlekinbock-reitenden Pseudoskorpion wohl ein paar Antworten erwartet.

Pseudoskorpione tun nur so, als wären sie Skorpione. Ihnen fehlt der schwanzartige Hinterleib mit Giftstachel von echten Skorpionen. Außerdem sind sie mit wenigen Millimetern Länge viel kleiner. Dafür haben sie große Zangen, mit denen sie ihre Opfer zerreißen können. Der bekannteste Verwandte des Harlekinbock-Reiters ist der Bücherskorpion. Er findet sich zwischen alten Büchern, wo man ihn auch lassen sollte, da er ein erfolgreicher Jäger von Staubläusen und anderem Kleingetier ist.

Der Harlekinbock ist ein großer, gut sieben Zentimeter langer Käfer. Er macht seinem Namen alle Ehre. So finden sich über seinen gesamten Körper verteilt grelle Farben in vielfältigen Streifen und Flecken.

Was haben der Pseudoskorpion und der Harlekinbock gemeinsam? Das faule Holz. Genauer gesagt, das Holz toter Feigenbäume in Mittel- und Südamerika. Die Larven der Harlekinböcke ernähren sich ausschließlich vom Holz abgestorbener Feigenbäume. Auch die Pseudoskorpione scheinen das zu mögen. Aber irgendwann ist das Holz total verrottet, und für alle Beteiligten ist hier nichts mehr zu holen. Frisches totes Feigenbaumholz gibt es nicht um die Ecke, und auf der Suche danach würden die kleinen Pseudoskorpione unterwegs wahrscheinlich Hungers sterben. Zum Glück können die aus den Larven frisch geschlüpften Harlekinböcke fliegen. Die Gelegenheit ist günstig: Die Böcke werden von den Pseudoskorpionen geentert. Dutzende von Pseudoskorpionen können sich unter den Flügeln der Käfer verstecken, und so beladen machen sich Harlekinböcke auf die Suche nach toten Feigenbäumen für ihren Nachwuchs. Damit den Pseudoskorpionen während des Fluges nicht langweilig wird – manche halten es bis zu zwei Wochen auf dem Käfer aus –, vertreiben sie sich die Zeit mit Sex.

Den Spaß hat allerdings oft nur das stärkste Männchen – und das dann gleich mit vielen Weibchen. Andere Männchen werden unsanft und ohne Rücksicht wieder vom Käfer hinuntergeworfen, das Platzangebot ist nun einmal begrenzt. Höchstens bei Zwischenstopps auf verrottendem Feigenholz werden noch weitere Weibchen mit an Bord genommen, ihre Partner dagegen haben das Nachsehen und müssen unten bleiben.

Kein wünschenswertes Schicksal: Zurückgeblieben auf einem ollen Baumstamm mit nur geringer Hoffnung auf einen weiteren Harlekinbock, der einen mitnehmen könnte, und dem Gedanken, dass ein anderer jetzt den Spaß mit der Freundin hat.

Vorgetäuschter Orgasmus

S o mancher glaubt ein toller Hecht zu sein, meint er doch, seine Geliebte(n) zu höchsten Ekstasen führen zu können. Doch ist das wirklich so? Zumindest bei *Salmo trutta* scheint er die meiste Zeit an der Nase herumgeführt zu werden. Zum einen ist *er* kein Hecht, sondern eine Europäische Forelle, und zum anderen täuscht *sie* bei den meisten Paarungen einen Orgasmus vor.

Zu den Europäischen Forellen gehört eine Vielzahl von Unterarten, von denen die bekanntesten vor den Küsten, nun ja, Europas leben. Nur zur Laichzeit wandern sie die Flüsse hinauf, um dort geeignete Laichplätze und Partner zu finden. Hat das Forellenweibchen die Wahl für den Laichplatz getroffen, gilt es, zunächst noch einige Vorbereitungen zu treffen. So beginnt sie im Sand oder Kies des Gewässergrundes ein Bett für die spätere Brut zu buddeln.

Mittlerweile haben sich die ersten Verehrer eingefunden, denen das gemachte Bett und die Aussicht auf ein kurz bevorstehendes Techtelmechtel natürlich nicht verborgen geblieben sind. Der Stärkste unter ihnen jagt die anderen fort. Die müssen sich in gebührendem Sicherheitsabstand erst einmal hinten anstellen.

Die Paarung kann beginnen. Vergessen wir das Vorspiel und kommen gleich zur Sache, zum Forellen-Orgasmus: Frau und Mann zittern mit offenem Mund heftig und am ganzen Leib, wobei sie ihre Eizellen und er seinen Samen zur Befruchtung der Eier entlässt – manchmal jedenfalls. Denn genau genommen ejakuliert er immer und dabei häufig ins Nichts, während sie ihre Eier oft für sich behält. Offener Mund und zitternde Ekstase – das gibt eine wirklich Oscar-reife Vorstellung. Manchmal lässt sie ihn nach mehreren Versuchen dann doch ihre Eier befruchten. Anscheinend ist seine Ausdauer ein Zeichen für überzeugende Qualitäten. Nicht weniger oft lässt sie ihn aber links liegen, sobald einer mit breiteren Schultern, also mit kräftigeren Kiefern und größeren Flossen, vorbeischwimmt. Das wird dann der neue Partner ihrer Träume und der erste hat sich ganz umsonst verausgabt.

Forscher vermuten, dass das «schwache» Geschlecht auf diese Weise letztendlich die Wahl des Partners bestimmt und dabei den Fortpflanzungserfolg verbessert. Aber eigentlich haben wir das ja schon immer gewusst.

Kamasutra kopfüber

Fliegende Kobolde der Nacht werden sie genannt. Maus-
ohren (*Myotis myotis*) und ihre Fledermausverwandten machen bei ihrem Flug durch die Finsternis Jagd auf Insekten, ihre bevorzugte Nahrung. Wenn sie nicht fliegen, hängen
sie, oft zu Tausenden, kopfüber festgekrallt an Höhlen- oder
Hausdecken. Im Hängen schlafen sie, versorgen die Kinder,
zeugen und gebären sie.

Für die Liebe sucht sich das männliche Mausohr im Sommer
ein einsames Plätzchen im Gebälk eines Hauses irgendwo in
Mittel- oder Südeuropa. Fledermausexperten nennen diese
Quartiere gerne Hochzeitsstuben. Damit Mausohr-Damen die
lauschigen Verstecke finden, verströmt das Männchen einen
speziellen Duft. Dieser zieht die Damen geradezu magisch an.
So dauert es nicht lange, bis ein Weibchen kopfüber neben ihrem Partner hängt. Kopfüber wird auch geliebt. Dabei begattet
das Männchen das Weibchen, wissenschaftlich ausgedrückt,
a tergo, also vom Rücken des Weibchens her. Im Gegensatz zu
den unter Säugetieren üblichen Konsequenzen befruchtet sein
Sperma nicht sofort die Eizelle der zukünftigen Mutter. Die Eizellen vieler weiblicher Fledermäuse werden erst zum kommenden Frühjahr reif. Deshalb haben sie eine einmalige Methode
der Konservierung entwickelt. Der Samen bleibt monatelang
befruchtungsfähig. So bieten die Mausohrmännchen, nach
einem nahrungsreichen Sommer auf der Höhe ihrer Schaffens-

kraft, höchste Qualität, während die Weibchen zur Aufzucht der Jungen auf den nächsten nahrungsreichen Sommer warten.

Einmalig ist auch die Fähigkeit von männlichen Fledertierverwandten des Mausohrs. Sie leben in Malaysia und sind die bislang einzigen bekannten Säugetiere, bei denen auch die Männchen ganz selbstverständlich Milch produzieren. Und möglicherweise können sie damit auch einen Beitrag zur Aufzucht des Nachwuchses leisten.

Wenn Papa schwanger wird

Männer machen fürs Vaterglück alles. Sie gehen mit der Frau zur Schwangerschaftsgymnastik, häkeln Söckchen für das Kleine oder pflanzen einen Baum. Nur an einer Hürde scheitern sie kläglich: Sie können nicht schwanger werden. Bei den possierlichen Seepferdchen (*Hippocampus* – gekrümmtes Pferd) sind diese festgefahrenen Rollen vertauscht. Dieser Fisch versteht die Schwangerschaft als reine Männersache. Es ist jedoch äußerst fraglich, ob dieser Eigentümlichkeit eine sexuelle Revolution über mehrere Generationen vorausging. Schon eher liefert diese Spezies mit pferdeähnlichem Kopf den Beweis dafür, dass nicht zwangsläufig das weibliche Geschlecht die bürdevolle Aufgabe ausführen muss, die Brut auszutragen.

Überhaupt führen die Seepferdchen, die im seichten Küstenwasser gut getarnt zwischen Seegras oder Korallen ihr Leben verbringen, eine beeindruckende Partnerschaft. Den Paarungsakt leiten sie mit einem sinnlichen Hochzeitstanz ein. Trotz ihrer stark zurückgebildeten Flossen tanzt das Paar in graziler Choreographie durch die Pflanzenwelt und über den Meeresboden. Zum Höhepunkt spritzt Frau Seepferd – je nach Art – einige Dutzend bis mehrere Hundert reife Eier in die Bauchtasche ihres Mannes. Hier befruchtet der Samen des Männchens die Eier. Während andere Männer dabei durchaus verschwenderisch mit ihrem Samen umgehen und Millionen von

Samenzellen ejakulieren, ist das männliche Seepferdchen extrem sparsam. Seine Samenzellen lassen sich fast an einer Hand abzählen. Sobald die Eier in seiner Bauchtasche sind, hat er die Konkurrenz anderer Männer nicht mehr zu befürchten. So reichen wenige Spermazellen aus, um alle Eier zu befruchten. Seine Energie kann er besser für die Aufzucht seines Nachwuchses nutzen.

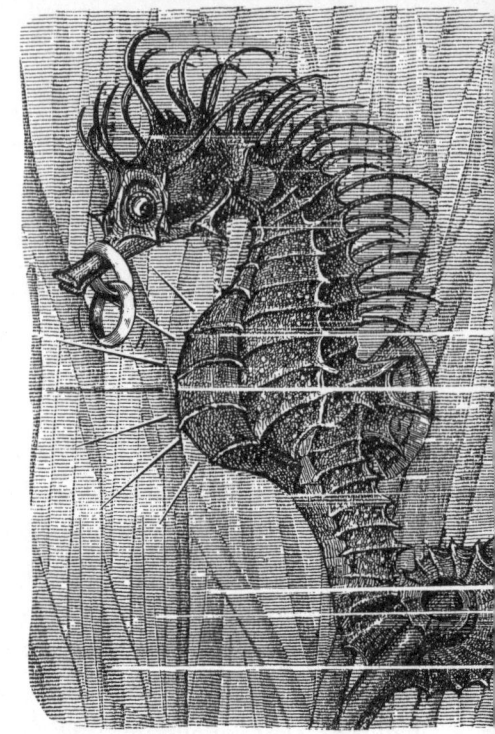

Über mehrere Wochen bebrütet Herr Seepferd die Eier. Während dieser Zeit widmet er sich ganz seiner Schwangerschaft. Mit dem Schwanz, der zu einem Greifwerkzeug umgebildet ist, umschlingt er eine Wasserpflanze und verweilt dort mit dickem Bauch gut getarnt zu Hause. Jeden Morgen kommt Frau Seepferd zu Besuch, den beide mit einem ausgiebigen Ritual und Balletttanz zusammen feiern. Dabei ist es nicht zu weit hergeholt, von einem Ehepaar zu reden. Seepferde bleiben sich nämlich zeitlebens treu. Als Menschen können wir nur staunend zur Kenntnis nehmen, zu welch harmonischen Verhältnissen so ein Rollentausch führen kann. Vielleicht liegt ja hier eine zukünftige Herausforderung für die Gentechnik.

Eine stachelige Angelegenheit · 1

Wie paaren sich Igel? Schon Aristoteles vermutete, dass sich Igelpaare wegen ihrer Stacheln Bauch an Bauch lieben müssen, eine Stellung, die uns Menschen ja nicht ganz unbekannt ist. Dieser Unsinn hielt sich immerhin mehrere tausend Jahre bis ins Jahr 1948. Erst dann schaute ein voyeuristischer Wissenschaftler mal genauer hin. Von wegen Missionarsstellung: Igel halten es wie fast alle Säugetiere, nur halt sehr, sehr vorsichtig …

Erinaceus europaeus, so der lateinische Name des hier heimischen Igels, ist Einzelgänger, und normalerweise verschläft er, wenn er nicht gerade auf Nahrungssuche ist, bis zu achtzehn Stunden eines Tages. Die Zugehörigkeit zur Säugetierordnung der Insektenfresser gibt Hinweise auf seinen Speiseplan, gerne langt er aber auch bei Würmern und anderen Leckereien zu.

Für das andere Geschlecht interessiert sich der männliche Igel nur während der Brunftzeit im April. Nach einem ausgiebigen Winterdauerschlaf macht er sich auf die Suche nach einer Partnerin. Sobald er eine Artgenossin erschnuppert, schleicht er sich von hinten an und beginnt sie zu umkreisen. Mit eigensinniger Beharrlichkeit dreht sich das Weibchen seines Herzens weg, boxt ihn und rennt davon. Das von Biologen als Igelkarussell bezeichnete Spiel kann sich über mehrere Stunden hinziehen. Lautstark und rhythmisch wird das nächtliche Treiben von Schnauben und Schnaufen begleitet. Dieser

Paarungslärm brachte schon so manchen Gartenbesitzer um den Schlaf.

Wollen sich die Igel schlussendlich lieben, besteigt das Männchen das Weibchen von hinten. Damit der Akt für das Männchen nicht zu einer masochistischen Erfahrung wird, ergänzen sich Anatomie und Verhalten. So findet sich beim Igelweibchen die Vagina am Körperende, beim Männchen der Penis hingegen in der Mitte des Bauches. Halbes Besteigen des Weibchens reicht so für das Männchen aus. Gleichzeitig nimmt das Weibchen eine ganz bestimmte Stellung ein: flach auf den Boden gedrückt, den Rücken nach unten gebogen, die Nase in die Höhe gereckt, die Stacheln glatt angelegt, die Hinterbeine rückwärts gestreckt und das Beckenende angehoben. Missachtet sie nur eine dieser Bedingungen, lässt er besser die Pfoten von ihr.

Übrigens gibt es auch Igel, die während der Paarung jede Vorsicht fahren lassen – sie leben in Südostasien, heißen Rattenigel und haben statt Stacheln ein weiches Fell.

Eine stachelige Angelegenheit · 2

Diademseeigel (*Diadema setosum*) leben im Roten Meer, im Indischen und im Stillen Ozean. Ihren schmucken Namen bekamen sie wegen ihrer leuchtend blauen Punkte. Spezielle Flitterzellen mit Farbkristallen sorgen für eine irisierende Lichtbrechung. Mit ihrer «Laterne des Aristoteles» – kein Leuchtorgan, sondern ein hochspezialisierter Kauapparat an der Unterseite des Seeigels, bestehend aus mehreren Skelettteilen und Zähnen – fressen sie nahezu alles, sogar Eisenträger und Erdnussbutter. Doch das ist wohl eher auf die Experimentierlust von uns Menschen zurückzuführen. Zudem bringen uns diese interessanten Details bei der Beantwortung der Frage nach der Herkunft der Seeigelkinder auch nicht weiter.

Mit einem rundum starren Korsett aus Skelett und Stacheln ist ein Intimkontakt nur schwerlich vorzustellen – für die Seeigel anscheinend auch. Daher entlässt *er* seinen Samen und *sie* ihre Eier über die sogenannte Genitalplatte, eine feinporige Stelle am Skelett, einfach ins offene Meer. Hier müssen Samen und Eier schon selbst zusehen, wie sie zur Befruchtung zueinanderfinden. Und damit das in den Weiten des Meeres nicht zu einem Lotteriespiel wird, kommen die Seeigel zur Paarungszeit auf ihren beweglichen Stacheln wie auf Stelzen angelaufen, um sich zu größeren Verbänden zusammenzuschließen.

31

Aus den befruchteten Eiern wachsen zunächst Larven. Mehrere Wochen schwimmen sie im Wasser umher, bevor sie sich in einem höchst komplexen Prozess von einer zweiseitig symmetrischen Larve zu einem fünfstrahligen, kreissymmetrischen Seeigel umwandeln.

Trotz aller Schlichtheit in der Fortpflanzung, eine romantische Ader haben Diademseeigel doch. In manchen Gewässern paaren sie sich bei Vollmond.

Die Oralexpertin

Auch Fische verstehen sich auf Samenraub. So wird es von der Geißeltilapie (*Nyasalapia macrochir*) berichtet. Sie gehört zu den Buntbarschen und ist mit ihren Verwandten in ostafrikanischen Seen beheimatet – falls sie nicht gerade in Aquarien gehalten wird.

Trotz ihrer Zugehörigkeit zu den Buntbarschen sind Geißeltilapien die meiste Zeit graugelb. Nur wenn der Geißeltilapienmann sexuell erregt wird, wirft er sich in Schuppe. Schwarz mit silber-grünlichen Punkten, bekommt er einen metallischen Glanz. So feingemacht, schwimmt er los, um eine Grube zu buddeln. Von feinsinnigen Fischforschern wird diese Grube auch gerne als «Paarungsarena» bezeichnet. Das Weibchen laicht hier ihre Eier ab. Normalerweise sollte das Männchen anschließend den Laich mit seinem Samen befruchten. Doch das klappt leider nicht. Geißeltilapien sind Maulbrüter. Das Weibchen nimmt die abgelaichten Eier zum Schutz sofort ins Maul auf und brütet sie dort aus. Das geht so schnell, dass das Männchen keine Gelegenheit hat, seinen Beitrag zu leisten.

Doch die Natur weiß sich zu helfen. Bei sexueller Erregung schiebt das Männchen einen Genitalanhang aus seinem Körper: Mehrere Zentimeter lang und mit zähem Sperma behaftet, wird das zottelige Gebilde Objekt der Begierde. Das Weibchen lutscht das Sperma von der Geißel ihres Gatten ab. So werden die Eier im Maul doch noch befruchtet.

Sind die jungen Geißeltilapien im Maul der Mutter geschlüpft, dient es nun als Kinderhort, in dem sich die Jungen bei Gefahr verstecken. Und während der ganzen Zeit schafft sie es – glücklicherweise – immer, sorgfältig zwischen Nahrung und Nachwuchs zu unterscheiden.

Spar-Sex

In einer polygamen Ge-
sellschaft, sei es nun die
Vielweiberei oder Vielmänne-
rei, wird mit allen Tricks gearbeitet, um
den Fortpflanzungserfolg sicherzustel-
len. Was dabei herauskommt, wenn Viel-
weiberei und -männerei gleichzeitig an der Tagesordnung sind,
zeigen Bankivahühner, *Gallus gallus*.

Bankivahühner sind die wilden Vorfahren unserer Haushüh-
ner. Wahrscheinlich schon im sechsten Jahrtausend v. Chr. wurden diese domestiziert und finden sich heute in der ganzen Welt
mit zahllosen Unterarten. Die ursprünglichen Bankivahühner
leben nach wie vor im asiatischen Raum. Dort sieht sich der
Hahn allerdings mit einigen Problemen konfrontiert, wenn er
es mit vielen Hennen treibt. Einerseits hat er kein unbegrenztes
Reservoir an Sperma, was er beliebig verteilen kann. Andererseits, da auch die Henne gerne umtriebig ist, steht sein Sperma
in harter Konkurrenz zu dem seiner Kollegen. Was tun? Der
Bankivahahn wird zum *Gallus gallus oeconomicus*. Die Henne, die
schon einmal zum Gockel durfte, bekommt beim nächsten Mal
einfach weniger vom begehrten Saft. Er spart lieber für Frisch-
fleisch, dem er die größeren Portionen vorbehält. Am liebsten
sind ihm natürlich die schönen Hennen – und die schönsten
Bankivahennen sind die mit dem großen Kamm. Denn ein

großer Kamm verheißt große Eier. Und große Eier haben einen großen Dotter, was mehr Nährstoffe für den Embryo und letztendlich stärkere Nachkommen für den Hahn bedeutet.

Laufen nun die Hennen ganz unschuldig im Paarungsgetümmel der Hähne herum? Mitnichten. Hennen wollen für sich auch nur das Beste und können sich ganz gezielt des Spermas von missliebigen Paarungspartnern entledigen. Gerade in der Hierarchie untergeordnete Männchen können sich ihres Fortpflanzungserfolgs nie sicher sein. Besonders ihr Sperma wird von den Hennen häufig wieder ausgestoßen.

Da liegt es nahe, sein Glück auch bei anderen Hennen zu versuchen. Man fragt sich unwillkürlich, was war zuerst da, das Huhn oder das Ei – oder besser: die Vielweiberei oder die Vielmännerei?

Der wachsende Widerwille, ohne Abwechslung immer wieder mit demselben Partner zu kopulieren – positiv formuliert, die belebende Wirkung wechselnder Partnerinnen –, wird auch als Coolidge-Effekt bezeichnet, benannt nach dem dreißigsten Präsidenten der USA. Coolidge hat sich allerdings weniger als nebenberuflicher Hühnerforscher hervorgetan, sondern er wurde bekannt durch einen Besuch auf einer Hühnerfarm zusammen mit seiner Frau: Interessiert beobachtete sie dort einen Hahn bei der Paarung und fragte, wie oft dieser denn seinen Pflichten so nachkomme. Viele Male am Tag, so wurde ihr versichert, worauf sie bemerkte: «Sagen Sie das meinem Mann.» Auf die Nachfrage ihres Gatten, ob es immer dieselbe Henne sei, wurde ihm erklärt, dass der Hahn sich immer wieder andere Hennen nehme, worauf Coolidge entgegnete: «Sagen Sie das meiner Frau.»

Kinder ohne Körperkontakt

Ihr Leben lang sitzen sie unbeweglich auf einer Stelle fest. Man könnte diese muskellose Lebensform für eine Pflanze halten. Bis zum neunzehnten Jahrhundert hat man das auch. Die sehr einfachen Tiere bestehen nur aus einem Becher, gebildet aus Zellen, durchzogen mit Poren und einer Art Schornstein, dem Osculum. Der bekannteste Vertreter ist der Badeschwamm (*Spongia officinalis*), mit dem schon die alten Griechen ihre Körper schrubbten. Bevor der Badeschwamm im Badezimmer landet, findet er sich, wie alle Schwämme, im Wasser. Da der Badeschwamm sesshaft ist, treffen Herr und Frau Badeschwamm nie aufeinander.

Das ist schade. Dennoch müssen beide einen Weg finden, Nachwuchs zu bekommen, um ihre Art zu erhalten – und sei es nur, damit wir uns auch morgen noch waschen können. Vater Badeschwamm hat dafür in seinem Becher bestimmte Zellen, die sich zu Samenzellen umwandeln. Diese pustet er über sein Osculum ins offene Wasser. Kommen die Spermien einer zukünftigen Mutter Badeschwamm nahe, so strudelt sie sie ein. Sie strudelt eigentlich immer und fängt neben Spermien Nahrung, zum Beispiel Schwebeteilchen und Plankton. Für den ständigen Wasserstrom, durch die Poren hinein und über das Osculum hinaus, sorgen die für Schwämme typischen Kragengeißelzellen. Ihren Namen erhielten sie von ihren ständig schlagenden Geißeln, die das Wasser in Bewegung halten. Die Geißeln werden von einem kragenartigen Kranz feiner Zellanhänge umsäumt, mit denen der Schwamm die Nahrung filtert und verdaut. Auch Spermien kommen an ihnen nicht vorbei. Zum Glück erkennen die Kragengeißelzellen, dass es sich nicht einfach nur um Futter, sondern um Wichtigeres handelt. Sie geben den Samen weiter an die Eizellen, die ganz in der Nähe in der Becherwand von Frau Badeschwamm liegen. Die befruchteten Eier entwickeln sich zu kleinen bewimperten Larven. Diese verlassen die mütterliche Obhut und kriechen für kurze Zeit am Boden umher, bevor sie sich festsetzen und zum Schwamm auswachsen. Das wenige Tage andauernde Jugendstadium ist die einzige Phase in dem bis zu fünfzig Jahre andauernden Leben eines Badeschwamms, in der er sich die Beine vertreten kann.

Wer weiß, wie Schwämme im Badezimmer aussehen, wird sie in ihrem angestammten Lebensraum, dem Meer, nur schwer finden. Dort sind sie schmutzig graubraun bis grauviolett. Nach der Ernte gehen durch das Trocknen alle Weichteile des Schwamms verloren. Zurück bleibt nur das Spongin, ein sehr flexibler und saugfähiger Eiweißstoff. So ist das, was wir im Badezimmer in den Händen halten, nur ein Skelett.

Planet der Frauen

Staatenbildende Insekten wie Ameisen, Bienen oder Wespen zogen die Aufmerksamkeit vieler Soziologen auf sich. Ist das der perfekte Staat, den uns die kleinen Hautflügler – so die wissenschaftliche Bezeichnung der Insektengruppe – da vorleben? Zumindest ist es einer, der im Wesentlichen von Frauen für Frauen gemacht wird.

Die Männer sind funktional auf das «Eine» reduziert. Die geflügelten Herren des Volkes dürfen an einem denkwürdigen Tag am Hochzeitsflug teilnehmen und zukünftige Herrscherinnen befruchten. So sorgen alljährlich die Schwärme paarungswilliger Ameisenmänner und zukünftiger Königinnen für Furore. Wie per Startschuss koordiniert, schwärmen die geflügelten Männchen und Weibchen zum Jungfernflug, den Wissenschaftler als «plötzliche Massenaggregation» bezeichnen. Und tatsächlich bestimmt ein innerer Rhythmus die Stunde des Tages, an dem der Abflug erfolgt. Das geschäftige und aufregende Treiben in den neu zu gründenden Königinnenreichen erleben die Männer allerdings nicht mit. Sie sterben, wenn sie ihren Dienst getan und die Weibchen befruchtet haben.

Nur die zukünftigen Herrscherinnen werden weiterleben – sich aber zeitlebens nicht mehr paaren. Sie speichern bei ihrer einzigen Paarung so viel Sperma in ihrem Hinterleib, dass lebenslang für die Befruchtung der Eier und Nachwuchs für ihren eigenen Staat gesorgt ist. Nachwuchs bedeutet bei staatenbildenden Insekten nicht zwei, vier oder zehn Kinder, sondern eine Million und mehr. Und alle sind Schwestern und Halbwaisen. Die Königin verdammt ihre Töchter mit Duftstoffen zur Unfruchtbarkeit und versklavt sie als Arbeiterinnen.

Wenn die Zeit reif ist, legt die Königin unbefruchtete Eier, aus denen dann die Männchen schlüpfen, bereit für den Hochzeitsflug. Bei manchen Ameisenarten fällt der Hochzeitsflug aus. Die Männchen bleiben im Nest und die Paarung findet dort statt. Manchmal gelingt aber auch das nicht, nämlich dann, wenn die willigen Männchen einander an ihrem einzigen Daseinszweck hindern und sich gegenseitig tot beißen, um sich mehr Paarungen zu sichern.

Der Lustmolch

Für Pflichtbewusste kommt erst die Arbeit, dann das Vergnügen. Das Motto des Tigerquerzahnmolchs (*Ambystoma tigrinum*) lautet eher: «Dem anderen die Arbeit und mir das Vergnügen.»

«Tigerquerzahnmolch» hört sich gefährlicher an, als er in Wirklichkeit ist. Den «Querzahn» in seinem Namen erhielt er wegen der Anordnung seiner Zähne im Gaumen, den «Tiger» wohl aufgrund seiner gelblich schwarzen Haut. Doch man trifft ihn auch bräunlich, olivgrün, schwärzlich oder fleckig an. Für Fachleute ist dies ein seltener Fall von Farbpolymorphismus, einer Vielfarbigkeit in einer Tierart. Das bunte Amphibium lebt in Nordamerika.

Das Männchen muss sich auf ein arbeitsintensives Vorspiel einlassen, um das Weibchen zu begatten. Er muss einerseits das Weibchen in Stimmung bringen und hat andererseits noch mit einem Nachteil zu kämpfen: Tigerquerzahnmolchmännchen haben keinen Penis. Deshalb legt er den Samen als Pakete auf dem Boden ab. Das Weibchen nimmt die Pakete mit der Kloake auf, sobald es über diese hinwegläuft. Damit es an den Paketen nicht vorbeirennt, muss das Männchen seine Liebste mit entsprechendem Schwanzwedeln anführen. Wedelt er verlockend, folgt sie ihm direkt an seiner Schwanzwurzel.

Das stundenlange Vorspiel schaut sich ein anderer Molch von einem sonnigen Plätzchen faul an. Wenn der entscheidende

Augenblick kommt und das fleißig wedelnde Männchen sein Samenpaket ablegt, drängelt er sich zwischen das Pärchen. Seinen Kopf hält er direkt an die Schwanzwurzel des emsigen Männchens und tut dort so, als wäre er das Weibchen. Nach hinten deutet er dem Weibchen mit Schwanzwedeln an, es habe sich eigentlich nichts geändert, sie solle ihm ruhig weiter folgen. Legt nun das erste Männchen – der Betrogene in dieser Kette von Molchen – sein Samenpaket ab, so klebt das zweite – der Täuscher – einfach sein eigenes obenauf. Ist das Weibchen an der Reihe, wird es versuchen, das nun recht große Doppelpaket in ihre Kloake aufzunehmen – das geht natürlich nicht. Also nimmt es nur den oberen Teil auf. Und der Täuscher hat sein Ziel erreicht, ohne große Anstrengungen Vater zu werden.

Lesbische Liebe für den richtigen Mann

W as den Liebhaberinnen homoerotischer Spiele eher widersprüchlich erscheint, ist für die Geschlechtsgenossinnen einer bestimmten Rüsselkäferart, *Diaprepes abbreviatus*, notwendige Taktik: Sie praktizieren die gleichgeschlechtliche Liebe, um überhaupt einen Mann zu finden. Käfer gehören mit etwa fünfhunderttausend Arten zur größten Insektengruppe und damit artenreichsten Tiergruppe überhaupt. In dieser ist *Diaprepes abbreviatus* ein Mitglied der vielfältigsten, etwa fünfzigtausend Arten umfassenden Familie der Rüsselkäfer. Verständlich, dass da nicht für jeden ein umgangssprachlicher Name erdacht wurde. Aus dem Lateinischen übertragen, heißt *Diaprepes abbreviatus* so viel wie «verkürzter Zwischenvorfuß», aber das hilft uns jetzt auch nicht weiter.

Diaprepes abbreviatus leben in Amerika und dort auf Pflanzen. Sie sind etwa einen Zentimeter groß, die Weibchen sind etwas größer als die Männchen. Das ist aber schon der einzige Unterschied zwischen Mann und Frau und das Problem der *Diaprepes*-Männer. Sie haben große Schwierigkeiten, Weibchen überhaupt zu erkennen – alle sehen irgendwie gleich aus. So rennen sie sexuell stimuliert und umnebelt von Lockstoffen der Weibchen umher und wissen nicht, wer die Richtige ist.

Da müssen die Damen einen Trick anwenden. Zwei Weibchen, die sich offensichtlich gegenseitig erkennen, schließen sich zusammen. Eines von beiden spielt das Männchen und besteigt das andere von hinten. Das endlich sieht das Männchen, denkt sich, wo zwei kopulieren, muss mindestens ein Weibchen sein, und rennt sofort hin. Zu seiner Überraschung hat er dann gleich zwei Wunschkandidatinnen zum Beglücken vor sich – wie schön. Die befruchteten Eier werden zur weiteren Entwicklung in Pflanzen abgelegt. Dafür braucht der Rüsselkäfer seinen Rüssel, mit dem er Löcher in die Pflanze zur Eiablage bohrt.

Das Wort «Käfer» hat seinen Ursprung in der deutschen Literatur des siebzehnten und achtzehnten Jahrhunderts. Hier findet sich der «Kever», was so viel wie «Kiefer» oder «Kinnlade» bedeutete. Es beschrieb die kauende und nagende Tätigkeit von Ungeziefer und Nutzpflanzenschädlingen. «Kever» umfassten damals aber ebenso Heuschrecken, Schaben und andere Insekten. Der deutsche Ausdruck für die eigentlichen Käfer war «Wibel». Dieser findet sich heute noch im Englischen als «weevil» wieder, was übersetzt «Rüsselkäfer» bedeutet.

Paariges Paaren

Australien und Beuteltiere – wer kennt sie nicht, die Koalabären und Kängurus? Beuteltiere leben keineswegs – wie vielleicht angenommen – nur in Australien, sondern auch in Amerika. Das bekannteste amerikanische Beuteltier ist das Opossum (*Didelphis marsupialis*). Hauskatzengroß und struppig bunt, kam es während der Eiszeit von Australien nach Amerika. Forscher gaben den Weibchen den Namen «Didelphia» und weisen damit auf eine anatomische Besonderheit hin, denn Didelphia bedeutet: die «Zweischeidige». Weibliche Opossums haben zwei Vaginae. Und auch die Gebärmutter ist bei ihnen paarig angelegt. Für das Liebesleben des Männchens hat das erhebliche Konsequenzen. Damit gerade während der Paarung zusammenpasst, was zusammengehört, besitzt das Opossum-Männchen einen zweizipfeligen Penis. So trifft seine gespaltene Eichel sicher die Vagina und Gebärmutter des Weibchens.

Das Paarige scheint eine besondere Marotte bei Opossums zu sein. Selbst die Spermazellen der Männchen schließen sich zusammen: Immer zu zweit rudern sie der Eizelle entgegen, um sich erst kurz vorher zu trennen, damit eine von beiden mit der Eizelle verschmelzen kann.

Nach der Befruchtung bleibt das Weibchen nicht lange schwanger. Der Nachwuchs kommt sehr früh und ziemlich winzig auf die Welt. So passt ein Wurf von etwa vierundzwanzig

Kleinen einer Opossum-Mutter in einen Fingerhut – besser sind sie aber im Beutel der Mutter aufgehoben. Hier befinden sich die Zitzen der Mutter, an denen die Jungen gesäugt werden. Die Forscher gaben den Beuteltieren den Namen «Marsupialia», lateinisch für «Geldbeutel». Hier war wohl ein Wunschtraum Vater des Gedankens.

Manche der Beuteltiere müssen etwas Besonderes unter den Besonderen sein. So haben Beutelmäuse aus den südamerikanischen Anden trotz ihres Namens gar keinen Beutel. Die Kinder werden offen herumgetragen und müssen aufpassen, nicht von den Zitzen der Mutter zu fallen. Aber wer jetzt glaubt, zumindest männliche Beuteltiere anhand eines doppelten Zipfels identifizieren zu können, wird auch getäuscht: Das Känguru hüpft mit einem einzipfeligen Penis durch Australien.

Wann ist ein Mann ein Mann?

Richtige Männer sind von stattlicher Statur und markieren gerne den Lauten. Oder sind richtige Männer diejenigen, die reichlich mit *dem* gesegnet sind, was einen Mann wirklich ausmacht? Die Meinungen gehen hier sicherlich auseinander. Auch der Nördliche Bootsmannfisch, *Porichthys notatus*, hat anscheinend keine eindeutige Antwort. Deshalb gibt es bei ihm zwei Typen von Männern. Der eine ist groß und stark und kann lautstark brummen, der andere ist achtmal kleiner, hat dafür aber siebenmal größere Hoden. Die Weibchen kommen mit beiden gut klar.

Nördliche Bootsmannfische leben an der nordamerikanischen Pazifikküste. Sie gehören zur Familie der Froschfische, was wohl an ihrem breiten Maul liegt. Manche Bootsmannfische können pfeifen wie der Bootsmann mit seiner Pfeife – daher ihr volkstümlicher Name. Das große Männchen des Nördlichen Bootsmannfisches ist aber eher bekannt für sein lautes Grunzen. Es kann mit seinen kräftigen Muskeln an der Schwimmblase diese so in Vibrationen versetzen, dass sie in Lautstärke und Klang dem Dröhnen eines Motorbootes nahekommt. Manchmal brummt er bis zu fünfzehn Minuten kontinuierlich vor sich hin – und das über Stunden und Tage. Wen will er damit nerven? Den Weibchen scheint es zu gefallen! Sie lassen sich mit dem Grunzen zu den Nestern locken, die ein Großer unter Steinen im seichten Wasser der Gezeitenzone anlegt. Nähert sich ein Weibchen seinem Nest, schnappt er sie sich mit seinem großen Maul, zieht sie in sein Heim und versperrt den Eingang. Sein Weibchen soll jetzt laichen. Was bleibt ihr in dieser aussichtslosen Lage auch anderes übrig. Kopfüber hängend, klebt sie an die Decke seines Nestes ihre Eier, die er sogleich mit Sperma befruchtet. Jetzt kann sie von dannen ziehen, die Brutpflege übernimmt er. Und dabei fängt er gleich wieder an zu brummen. Eine ist ihm nämlich nicht genug. Noch vier oder fünf weitere Weibchen sollen sein Nest besuchen. Sein Brummen lockt aber auch die schmächtigen Männchen an. Ihr Bauch droht schon fast vom prallen Hoden zu platzen. Als Schleich-Laicher schummeln sie sich ins Nest des Großen, um die Eier zu befruchten. Und wenn der den Eingang versperrt, fächeln sie eben mit den Flossen ihr reichlich vorhandenes Sperma in die Nesthöhle. So sind letztendlich beide, die Kleinen und die Großen, gleichermaßen erfolgreich bei der Weitergabe ihrer Qualitäten an die Nachkommen.

Macht die Unterwasserdröhnung nicht taub? In der Tat. Die großen Männchen des Nördlichen Bootsmannfisches haben einen ausgeklügelten Mechanismus, der ihre Ohren immer genau dann taub schaltet, sobald sie vor sich hin brummen. So können sie sich ihre normale Hörfähigkeit erhalten. Weibchen dagegen sind für das Brummen der Männchen die meiste Zeit taub auf den Ohren. Erst wenn ihre Hormone in Wallungen geraten, verändern diese ebenfalls ihr Gehör, welches sie dann aufhorchen lässt.

Kinder kriegen Kinder

Manche wollen einfach nicht erwachsen werden. Axolotl (*Ambystoma mexicanum*) kann es gar nicht. Das «Wassermonstrum», so die Übersetzung von Axolotl aus dem Aztekischen, ist ein Lurch und bleibt zeitlebens ein Kind.

Seine immerwährende Jugend verbringt Axolotl in Mexiko und dort in einem kleinen See, dem Xochimilco, fünfundzwanzig Kilometer südöstlich von Mexico City. Bis zu dreißig Zentimeter groß kann er werden und ist dabei häufig samtschwarz mit bläulichem Schimmer. Sein Körper ist stromlinienförmig und am Hinterkopf befinden sich lappenartige Gebilde, die Kiemen. Während seine Artgenossen die Kiemen bald zurückbilden und für das Landleben Lungen entwickeln, lebt Axolotl weiter als Larve im Wasser. Dennoch muss er sich um den Fortbestand seiner Art kümmern. Seine ewige Jugend zwingt Axolotl, sich als Kind fortzupflanzen: Sein Fortpflanzungssystem ist voll ausgebildet. Der Axolotl-Junge befruchtet die Eier des Axolotl-Mädchens, welches sie dann zur weiteren Reifung an Wasserpflanzen ablegt. Neotenie nennen Fachleute diese fast einmalige Form der kindlichen Fortpflanzung.

Es stellt sich natürlich die Frage, warum Axolotls nie erwachsen werden. Man vermutet, dass eine Unterfunktion der Schilddrüse dafür verantwortlich ist. Diese produziert normalerweise ein Hormon, das für die Entwicklung zum Erwachsenen notwendig ist. Forscher haben es im Labor geschafft, den Axolotl-Kindern mit Hormonzugaben das Mann- oder Frausein nahezubringen. In freier Natur scheinen sie aber auch so ganz glücklich zu sein.

Korken für die Keuschheit

Vielen Gärtnern ist er ein Ärgernis, obwohl *Talpa europaea* fast ausschließlich «undercover» lebt. Die Hügel sind das Markenzeichen des Europäischen Maulwurfs. Unter den Hügeln finden sich Nester, Nahrungsspeicher mit hunderten durch einen Biss gelähmten Regenwürmern sowie netzartig verzweigte Röhren, in denen er nach Nahrung jagt. Üblicherweise stromern Maulwürfe allein durch ihr unterirdisches Reich. Nur während der Paarungszeit zwischen März und Mai wagen sich männliche Maulwürfe in die Bauten ihrer Artgenossinnen. Die Weibchen sind von dem unangemeldeten Besuch zunächst nicht sonderlich begeistert. Es entbrennt, begleitet von lautem Zwitschern, ein Kampf. Wenn sie sich endlich zusammengerauft haben, gehen sie gemeinsam auf Jagd. Dann lässt auch die Liebe nicht mehr lange auf sich warten, wobei das Männchen sehr besitzergreifend ist. Neben seinem Samen hinterlässt der Maulwurfmann einen harzähnlichen Pfropfen in der Scheide des Weibchens. Im erhärteten Zustand steht dieser der Effektivität eines mittelalterlichen Keuschheitsgürtels in nichts nach. Weitere Werber sollten von diesem Weibchen in den nächsten Wochen jedenfalls etwas anderes als die Finger lassen.

Maulwürfe bekamen ihren Namen nicht wegen ihres Maules, was vielleicht wegen ihres großen Hungers naheliegen würde, vielmehr stammt er vom althochdeutschen Wort «Molte», was so viel wie Erde, Müll oder Torfmull bedeutet. Dort erweist sich der Maulwurf als ausgezeichneter Schädlingsbekämpfer. Finden sich viele Insektenlarven, Asseln, Spinnen, Tausendfüßer, Regenwürmer, Schnecken, Kriechtiere oder Mäuse im Garten, so ist der Maulwurf zur Stelle. Er vertilgt im Jahr an die fünfunddreißig Kilogramm, was einem täglichen Bedarf von annähernd seinem Körpergewicht entspricht. Dass diesem gesunden Appetit eine rege Verdauung folgt, liegt nahe. Schwere Gase werden frei, die entsorgt werden müssen. So dienen die unbeliebten Hügel im Garten unter anderem als Lüftungszentrale.

Sexpiraten

Freibeuterei im Gartenteich! Dieses gesetzlose Treiben verdanken wir *Rana temporaria*, dem Grasfrosch.

Zur Paarungszeit im zeitigen Frühjahr finden sich die Grasfrösche bevorzugt in Teichen und Weihern Nordeuropas und Asiens ein. Vertraut sind die Lautäußerungen, mit denen die Männchen in der Dämmerung nach den Weibchen rufen. Zur Paarung umklammert der männliche Gartenfrosch mit seinen Vorderbeinen von hinten alles, was irgendwie weich ist und die richtige Größe hat – leider nicht immer Weibchen. Manchmal muss ein noch schläfriger Wasserfrosch herhalten, hin und wieder auch tote Kollegen oder Uferschlamm, der in die richtige Form gedrückt wird. Am ersten Finger bilden sich dafür dunkle Brunftschwielen, mit denen sich ordentlich zupacken lässt. Hat der Grasfrosch damit ein Weibchen ergriffen, lässt er es bis zum Laichen nicht mehr los. Groß ist häufig das Gedränge im Weiher. Ballen mit bis zu viertausend Eiern werden oft zu Hunderten von den Weibchen abgelaicht und von den rücklings auf ihnen sitzenden Männchen direkt besamt. Explosiv-Laicher werden Grasfrösche gerne genannt, auch wenn das alles eigentlich völlig ungefährlich ist.

Allerdings gibt es einige Männchen, die bei diesem Gerangel zu kurz kommen – die Piraten. Kaum hat ein Weibchen ihren Laich abgegeben, schnappen sie sich diesen und schwimmen davon. An einer etwas ruhigeren Stelle des Teiches wird dieser dann besamt, wobei sich der Pirat tief in den Laich einbuddelt, um dort noch nicht befruchtete Eier zu erreichen. Ein erheblicher Teil des Laichs in einem Weiher kann so von den Piraten heimgesucht werden.

Die Gallerte des Laichs quillt auf und schwimmt an der Wasseroberfläche. Nach etwa zwei Wochen schlüpfen die Kaulquappen aus der Gallerte. Weitere zwei bis drei Monate später verwandeln sich die Kaulquappen in kleine Frösche. Manchmal verlassen diese in Massen die Gewässer. Als «Froschregen» ist diese Wanderung im Volksmund auch bekannt. Der «Regen» verteilt sich in der Umgebung vorzugsweise in Wiesen und Wäldern. Seiner Vorliebe für Wiesen verdankt der Grasfrosch vermutlich auch seinen Namen – und nicht seiner vermeintlich grasgrünen Farbe, gehört er doch vielmehr zu den Braunfröschen.

Body Piercing

Seit Jahren wird es immer populärer. Vielleicht bald schon in aller Munde, findet man Body Piercing nicht nur dort, sondern oft auch an noch viel empfindlicheren Stellen. Wer glaubt, damit cool und hip zu sein, der irrt. Piercing ist ein alter Hut und wird schon sehr lange direkt unter uns vom Gemeinen Regenwurm, *Lumbricus terrestris*, praktiziert. Regenwürmer piercen sich – für den besonderen Kick? – gegenseitig, während sie miteinander kopulieren.

Eigentlich sind Regenwürmer viel bekannter aufgrund ihrer bedeutenden Rolle für die Regeneration und Fruchtbarkeit des Bodens, den sie in Massen bis in zehn Metern Tiefe durchwühlen. Zur Paarung allerdings kommt der Gemeine Regenwurm, im Gegensatz zu seinen Verwandten, an die Oberfläche und offenbart hier sein eigenwilliges Paarungsspiel. Regenwürmer sind Zwitter, und das macht die Sache in einem einfachen Wurm durchaus kompliziert.

So finden sich die männlichen und weiblichen Geschlechtsorgane in unterschiedlichen Segmenten des Regenwurms. Die Hoden, von denen er gleich zwei Paar hat, produzieren den Samen im zehnten und elften Segment, also ziemlich weit vorne, wenn man weiß, dass ein Regenwurm aus bis zu einhundertundsechzig Segmenten bestehen kann. Die männliche Geschlechtsöffnung allerdings ist weiter hinten, im fünfzehnten Segment. Damit der Samen aus dem Hoden dorthin gelangt, wird er über

Samentrichter und -leiter durch die Segmente nach hinten transportiert. Zusätzlich gibt es auf Höhe des Hodens Samentaschen zur Speicherung des Samens, aber nicht für den eigenen, sondern für den des Paarungspartners. Die Eierstöcke, die die Eier produzieren, und die weibliche Geschlechtsöffnung liegen kurz vor der männlichen Öffnung. Regenwürmer begatten sich zur gleichen Zeit gegenseitig. Dazu legen sie sich Bauch an Bauch aneinander und verkleben sich mit einem Schleim, der von einem Gürtel, gerne auch Pubertätswall genannt, abgesondert wird. Jeweils direkt gegenüber dem Gürtel, der auf Höhe des fünfunddreißigsten Segments liegt, finden sich die Samentaschen des Partners. Damit der Samen dorthin gelangt, muss er nach hinten befördert werden, wofür beide spezielle Samenrinnen an der Bauchunterseite haben. Verständlich, wer, weil er kein Regenwurm ist, hier den Überblick verliert.

Aber dem Gemeinen Regenwurm ist das vielleicht immer noch zu langweilig. Er fährt stilettartige Kopulationsborsten aus, die nur in Segmenten liegen, die für die Kopulation wichtig sind, und pierct seinen Kollegen fachkundig. Gleichzeitig injiziert er damit einen Stoff, der den anderen möglicherweise so gefügig machen soll, dass er nur den Samen seines jetzigen Partners und keinen anderen zur Befruchtung seiner Eier nutzt. Immerhin gibt es noch eine Menge weiterer Nachbarn, mit denen man sich verschleimen und Samen austauschen kann.

Bleibt noch die Frage, wie denn nun die Eier befruchtet werden. Das macht jeder Regenwurm für sich alleine, wobei auch hier der Schleim eine wichtige Zutat ist. Dazu bildet der Gürtel einen schleimigen Ring, aus dem der Wurm rückwärts herauskriecht. Passiert der Ring die weibliche Geschlechtsöffnung am vierzehnten Segment, wird ein Ei darin abgelegt. Noch weiter vorne, am zehnten und elften Segment, können dann endlich die Samenzellen, die in den Samentaschen aufbewahrt werden, das Ei befruchten. Sobald der Ring ganz abgestreift ist, bildet sich daraus ein Kokon, aus dem nach einigen Monaten der junge Regenwurm schlüpft.

Amazonen Molly

Schon der aus dem Englischen übernommene Name von *Poecilia formosa* – Amazonen Molly – regt die Phantasie an. Begeisterte Aquarianer wissen sofort, um wen es sich hier handelt. Normalerweise in Mexiko und Texas beheimatet, findet sich dieser Fisch inzwischen auf der ganzen Welt in Aquarien. Eng verwandt mit dem noch viel bekannteren Guppy, gehören beide zur formenreichsten und buntesten Fischgruppe der lebend gebärenden Zahnkarpfen.

Amazonen Mollys sind ausschließlich weiblich. Mangels Molly-Männern suchen sie sich zur Fortpflanzung einfach einen Verwandten, den Breitflossenkärpfling oder den Spitzmaulkärpfling, je nachdem, wer ihnen gerade über den Weg schwimmt. Für die artübergreifende Paarung können der Breitflossenkärpfling und Spitzmaulkärpfling mit einer interessanten Kleinigkeit überraschen: dem Gonopodium. Damit ist ein Teil ihrer rückwärtigen Flossen gemeint, der sich im Laufe der Evolution zu einem beweglichen Begattungsorgan umgewandelt hat. Durch eine besondere Muskulatur gesteuert, dient das Flossenstück als Verlängerung des Samenleiters bei der Kopulation mit Artgenossinnen. Das gefällt auch der Amazonen Molly. Doch die Hoffnung von Breitflosse und Spitzmaul auf Söhne und Töchter wird enttäuscht. Denn die Eizellen der Amazonen Molly werden durch die Samenzellen gar nicht befruchtet. Das Sperma regt lediglich die Entwicklung ihrer Eizellen an. So kommen am Ende nur original Amazonen Mollys zur Welt – alles Mädchen natürlich.

Selbstverständlich haben die Fachleute für diese Form der Fortpflanzung ein Fachwort parat: Gynogenese, ein aus zwei griechischen Wortelementen zusammengesetztes Wort, das so viel wie «weibliche Fortpflanzung» bedeutet.

Rechtshänder sucht Linkshänderin

Die Partnerfindung erweist sich bei *Anableps anableps*, dem Vierauge, als schwierig: Rechtsflösser braucht Linksschuppe. Wer beim Vierauge jetzt auf einen Fisch schließt, liegt richtig. Verwandt mit der Amazonen Molly, gehört auch das Vierauge zu den lebend gebärenden Zahnkarpfen. Fischweibchen, die lebend gebären wollen, müssen ihre Eier innerlich befruchten lassen. Dafür hat das Vieraugen-Männchen ein ganz spezielles Begattungsorgan entwickelt – eine röhrenförmige, vollständig beschuppte Afterflosse.

Das Rohr führt das Männchen in die Geschlechtsöffnung seiner Partnerin ein und befruchtet so die Eier mit seinem Samen. Allerdings ist das Rohr entweder nur zur rechten oder nur zur linken Seite hin beweglich – die Natur ist manchmal launisch. Je nach Rohrbiegung schwimmt das Männchen zur Begattung links oder rechts an die Seite des Weibchens heran. Das Weibchen kann jedoch ungehalten reagieren, wenn es von der falschen Seite angemacht wird. Ihre Geschlechtsöffnung ist von einer besonderen Schuppe bedeckt. Sie gibt die Öffnung nur zu einer Seite frei, nach links oder nach rechts. So müssen die Rechtsträger unter den männlichen Vieraugen nach einer linken Partnerin Ausschau halten. Den Linksträgern hingegen sind die Rechten vorbehalten. Seite an Seite geschmiegt, können sie endlich für Nachwuchs sorgen. Nie war die Gewissheit, den richtigen Partner gefunden zu haben, in einer Beziehung größer.

Heißen Vieraugen nun Vieraugen, weil sie vier Augen haben? Ja und nein. Vieraugen haben, wie alle sehenden Wirbeltiere, nur zwei Augen. Diese haben sich jedoch, zur Anpassung an ihren Lebensraum, in zwei eigenständige Hälften geteilt, eine obere und eine untere. So können sie in den schlammigen Küstengewässern Mittelamerikas und Brasiliens gleichzeitig die Welt über und unter Wasser im Auge behalten.

Pseudopenis

Vögel haben eine Kloake. Hierbei handelt es sich um einen Hohlraum, in dem Darm, Harn- und Genitalwege münden. Passend daher der Name, den Biologen diesem Bereich gaben und der lateinischen Ursprungs ist: Abwasserkanal. Wenn sich ein Vogelmännchen und ein Vogelweibchen paaren, müssen sie ihre Kloaken fest aneinanderdrücken, so dass das Männchen seinen Samen übertragen kann. Daran scheint der Büffelweber (*Bubalornis niger*) wohl keinen Spaß zu finden. Er ist der einzige unter den Vögeln, der einen falschen Penis sein Eigen nennt. Büffelweber leben in offenem, trockenem Buschland von Angola und Namibia. Sie und andere Webervögel bekamen ihren Namen aufgrund ihrer kunstvoll aus Gras gewebten Nester, die zu Millionen von den Zweigenden der Bäume hängen und übrigens ausschließlich von Männern geschaffen werden.

Zurück zur Penis-Attrappe: Sie besteht aus einem steifen Stab aus Bindegewebe direkt vor der Kloakenöffnung. Damit kann das Büffelwebermännchen lediglich rubbeln – das aber pflegt es sehr engagiert zu tun. Bis zu einer halben Stunde dauert die Kopulation und das Rubbeln an ihrer Kloake mit seiner gummiartigen Vorrichtung. Kommt er dann schließlich zum Orgasmus, so schüttelt und zuckt sein ganzer Körper in höchster Erregung. Für die Samenübertragung muss er sich aber weiterhin der klassischen Technik der Vögel bedienen – Kloake auf Kloake. Dass der Büffelwebermann wirklich einen orgasmusähnlichen Zustand erlebt, haben selbstlose Forscher in «Handarbeit» herausgefunden.

Vogelkenner wissen, dass einige wenige Vögel, wie der männliche Strauß, ein Organ besitzen, das unseren Vorstellungen eines Penis etwas näher kommt. Er wird aus der Kloake gestülpt und in die des Weibchens eingeführt. Zwanzig Zentimeter lang kann dieses Organ beim männlichen Strauß werden.

Flotter Hunderter

Glaubt man Kontaktanzeigen, so scheint es eine erhebliche Menge Interessierter zu geben, die sich gerne in Drei- oder Viersamkeit versuchen möchten. Über derartige Erfahrungserweiterung kann die Rotseitige Strumpfbandnatter (*Thamnophis sirtalis parietalis*) nur lachen, wenn sie denn lachen könnte. Sie lässt sich auf so einfache Paarungsspiele gar nicht erst ein – sie treibt es gleich mit Dutzenden.

Die hübschen, kleinen, rot gestreiften Schlangen sind in Nordamerika zu Hause. Manchmal findet man sie sogar in den Vororten von Chicago. Personen mit ausgeprägter Serpentophobie, also einer Angst vor Schlangen, sollten in Nordamerika Höhlen meiden: Dort können sie im Winter bis zu zehntausend dieser Nattern antreffen.

Wenn der Frühling naht, entkriechen den Höhlen als Erstes zu Tausenden die Männchen. Sie aalen sich in den ersten wärmenden Sonnenstrahlen und warten auf – man ahnt es schon – die Weibchen. Kommt eines von ihnen an die Oberfläche gekrochen, so verströmt es ein unwiderstehliches Parfum, ein Pheromon, also einen Sexuallockstoff. Die Männchen riechen den betörenden Duft mit ihrem Gaumen, in dem sich ein spezieller Geruchssinn, das Jacobson'sche Organ, befindet. Schmachtend vor Verlangen, kreisen sie das Weibchen ein und stürzen sich zu Dutzenden auf sie. Die Vorstellung einer Paarungskugel ist hier naheliegend. Unter Experten ist dieses Spiel, bei dem bis zu hundert Männchen beteiligt sein können, wohl zu Recht als Raufpaarung bekannt.

Leider kommt bei diesem Spaß nur einer richtig zum Zuge. Aber zum Glück finden sich ja noch weitere 4999 duftende Damen in der Höhle ...

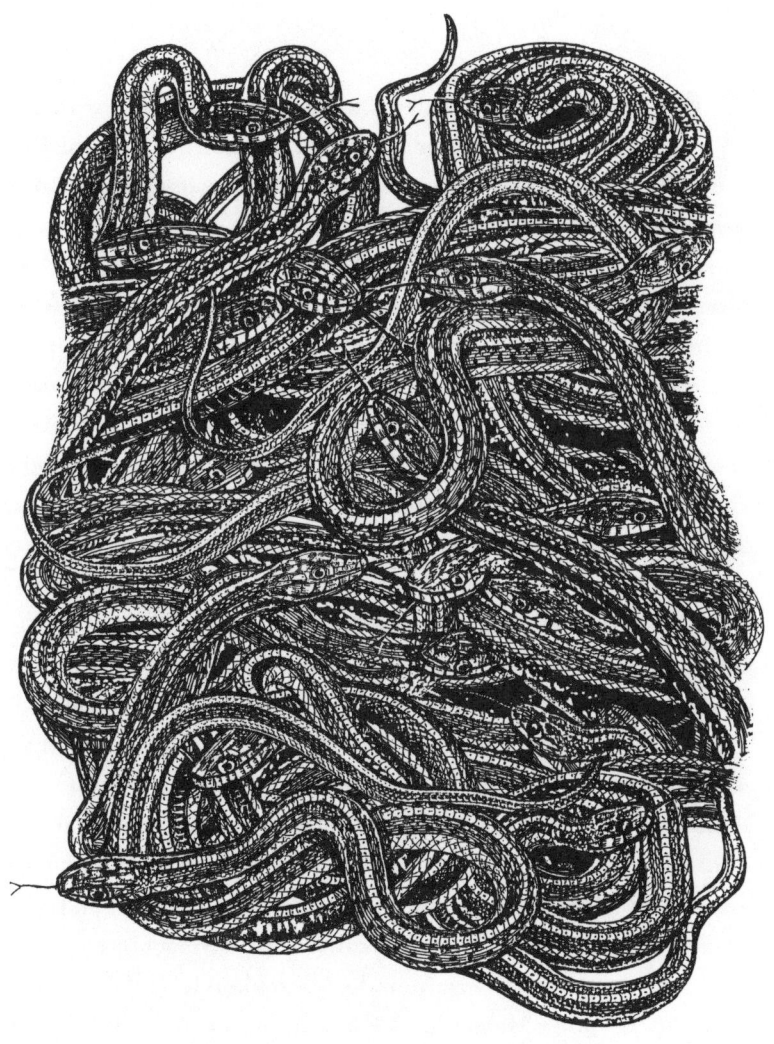

In fremden Betten

Was ist davon zu halten, wenn Gäste ungefragt und ungebeten ihre Eier im Heim ablegen, diese besamen und einen dann auch noch mit der Brut allein lassen? Ungehöriges Benehmen? Wunder der Natur? Flussmuscheln werden nicht gefragt. Sie dienen dem Europäischen Bitterling, *Rhodeus amarus*, als Brutstätte für seinen Nachwuchs.

Der populäre Europäische Bitterling, der auch die Trivialnamen Schneiderkarpfen, Weberle, Wittfisch, Blinkfisch oder Lieschkarpfen trägt, findet sich in Seen und Flüssen ganz Europas. Die nicht mehr als zehn Zentimeter großen Karpfenfische brachten schon den Großvater der Zoologie, Alfred Brehm, ins Schwärmen. In allen Regenbogenfarben schillert das Hochzeitskleid der Männchen. Nicht ohne Grund haben Forscher dem Bitterling den wissenschaftlichen und aus dem Griechischen kommenden Namen «einer Rosenblüte ähnlich» gegeben. Bitterlinge müssen früher sehr häufig gewesen sein, da man sie unter anderem für die Herstellung von Perlessenz fing, mit der gerne auch Brillenetuis verziert wurden. Um nur zweihundertundfünfzig Gramm dieser silbrigen Substanz der Innenseite der Schuppen zu erhalten, benötigte man gut eine Tonne Bitterlinge. Die Übriggebliebenen kann man noch heute bei ihrer sonderbaren Fortpflanzungsweise beobachten.

Im Frühsommer schwimmen die Männchen los auf der Suche nach Teich- oder Malermuscheln, die in etwa die Größe von

Bitterlingen haben. Die Muscheln leben in den gleichen Gewässern, solange diese nicht durch Abwässer verschmutzt sind. Ist ein Bitterlingsmännchen fündig geworden, wird die Muschel gegenüber Rivalen erbittert verteidigt. Geschlechtsreife Weibchen dagegen lockt er mit seinen schillernden Schuppen und der magischen Muschel an. Sie nähern sich, ausgestattet mit einer Legeröhre, die in der Paarungszeit zu gut dem Doppelten ihrer Körperlänge auswächst. Die Legeröhre schieben sie der Muschel in die Atemröhre, um dann tief in der Mantelhöhle der Muschel zwischen den Kiemen die Eier abzulegen. Das Männchen entlässt sein Sperma ins Wasser. Die Muschel – sie muss ja weiter atmen – saugt das Sperma über das Atemrohr ein, so dass die Eier an den Kiemen befruchtet werden. Gut geschützt vor Fressfeinden und immer mit frischem Wasser und Sauerstoff umfächelt, wachsen die Bitterlingslarven in den nächsten Wochen im Kiemenraum der Muschel heran, bis sie ins offene Wasser schwimmen können.

Sollten die Bitterlinge jedoch glauben, der Fall sei damit für sie abgeschlossen, haben sie die Rechnung ohne den Wirt gemacht. Während die Muscheln mit den Körpersäften des Bitterlings beglückt werden, entlassen sie ihrerseits kleine Muschellarven ins Wasser, die Glochidien. Diese verbeißen sich mit Haken an der Bauchunterseite der Bitterlinge. Dort wachsen die Larven heran und fallen irgendwann ab. Letztendlich tragen die Bitterlinge so zur Verbreitung der Muscheln bei.

Lieber hässlich *oder* schön

Normalos gelten als nicht besonders sexy. Keine großartige Erkenntnis und neu schon gar nicht. Die Schönen dagegen sind oft heiß begehrt. Auch nichts Überraschendes. So ist das nun mal. Und das hässliche Entlein? Das schaut sowieso keiner an. Von wegen! Bei *Passerina amoena* sind das Schöne *und* das Hässliche attraktiv. Lediglich der Durchschnitt interessiert hier keinen.

Das Entlein ist bei *Passerina amoena* ein Finklein, da der nordamerikanische Singvogel ein Lazulifink ist. Das schöne Geschlecht bei den Lazulifinken ist männlich, und die Schönsten glänzen mit einem hellblauen Federkleid an Kopf und Rücken, terrakottafarbener Brust, weißem Bauch und weißen Streifen an den Flügeln. Als hässlich gilt bei den Lazulifinken ein Federkleid mit viel Braun und wenig bis keinem Blau – eigentlich das Gefieder aller Weibchen und auch einiger Männchen. Das Aussehen des Durchschnittsmanns liegt irgendwo dazwischen, nicht weiter der Rede wert, jedenfalls bei den Finkenweibchen.

Lazulifinken nisten gerne in Büschen. Daher liegen die besten Nistplätze in buschreichen Gebieten – sie sind die wichtigsten Reviere der Männchen. Die schönsten und buntesten Lazulimännchen sind auch die aggressivsten. Sie erkämpfen und verteidigen ihr Revier gegen alle, die potentielle Konkurrenten bei der Partnersuche sein könnten. Die anderen Schönlinge sind ihnen ebenbürtig und lassen sich nicht vertreiben, die Hässlichen hingegen werden gar nicht erst als Konkurrenten angesehen. Bleiben nur die Durchschnittlichen. Sie müssen weichen und sich mit buschkargen Revierplätzen zufriedengeben. Die Hässlichen werden in den buschreichen Revieren geduldet – verstärkt das doch nur noch den Glanz der Schönen! Aber bei den Lazulifinkenweibchen scheint das Aussehen nicht die einzige Rolle zu spielen. Ganz wichtig ist auch die Attraktivität des Brutplatzes, vor allem die Zahl der Büsche. Hat ein Männchen viele Büsche zu bieten, lässt sich über manches hinwegsehen. In den buschkargen Revieren wird es also ziemlich einsam für die Normalos. Kein Weibchen macht sich dann wirklich die Mühe, sich hier auf jemanden einzulassen. Übertragen auf bekanntere soziale Systeme, gilt wohl auch bei Lazulifinken die Devise «Geld macht sexy».

Potente Männerbeine

Beine sind zum Laufen da. Einen Schritt weiter geht die männliche Garten-Kreuzspinne (*Araneus diadematus*) aus Europa. Sie nutzt ihre Beine auch für die Fortpflanzung. Während sie mit den hinteren acht Beinen läuft, dient das davorliegende Paar zur Begattung.

In der Paarungszeit vagabundiert die männliche Garten-Kreuzspinne auf der Suche nach einer Partnerin durchs Gebüsch. Zur Begattung eines Weibchens bedarf es aber zunächst einiger Vorbereitungen: Seine Geschlechtsöffnung mit dem Samen befindet sich an der Bauchunterseite. Der Samen muss jedoch mit den viel weiter vorn am Spinnenkörper liegenden Begattungsbeinen in das Weibchen eingeführt werden. Der Spinnenmann spinnt ein kleines Spermanetz, in dem er seinen Samen ablegen kann. Damit füllt er dann besondere Behälter an den Begattungsbeinen.

Mit größter Vorsicht nähert er sich nun dem Radnetz seiner Angebeteten. Wer will schon in ihren Fängen als Beute enden? An ihrem Netzrand befestigt er einen Faden und führt ihn zum nächsten Baum. Poetisch veranlagte Biologen sprechen gerne von der Liebesbrücke. Wir schließen uns den lyrischen Umschreibungen der Biologen an und lassen das Männchen gleich einem Spiel auf einer Laute an der Liebesbrücke zupfen. Das kopfüber hängende Weibchen klettert im Liebestaumel auf die Brücke. Dabei präsentiert sie dem Männchen ihre Geschlechtsöffnung und Samentaschen auf der Unterseite ihres umfangreichen Hinterleibes. Eine schnelle Nummer ist jetzt überlebenswichtig, bevor der Taumel vorübergeht und sich der Liebespartner zum Appetithappen wandelt. Das Männchen stürzt herbei, stopft den Samen mit den Beinen in ihre Samentaschen und seilt sich ab. Das Weibchen bewahrt den Samen zunächst wochenlang in den Taschen auf, bevor sie damit schließlich ihre Eier selber befruchtet.

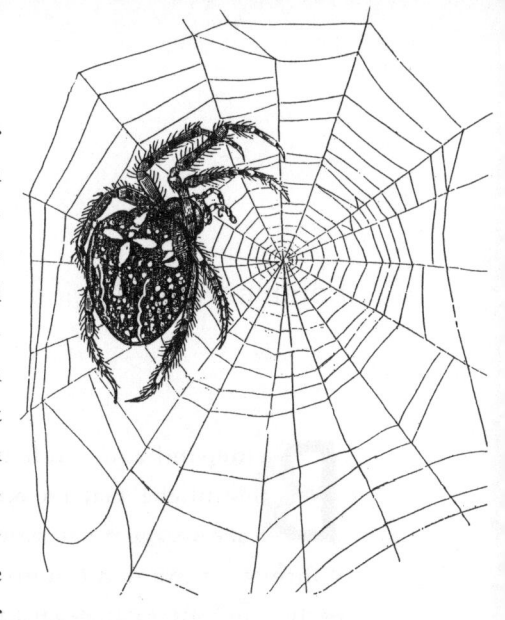

Hin und wieder kommt es im Eifer des Gefechts zu grauenhaften Unfällen: Die Begattungsbeine der männlichen Garten-Kreuzspinne klemmen in der weiblichen Geschlechtsöffnung fest und brechen bei der überstürzten Flucht ab. Wie dieses Kastrationstrauma vom Männchen verarbeitet wird, ist nicht bekannt, die Beinchen wachsen auf jeden Fall nicht mehr nach. Aber in der entscheidenden Phase der Paarung geht es um Sein oder Nichtsein, um Gefressenwerden oder Entkommen.

Ich bin zwei Penis

Doppelt hält besser, einer wird schon treffen, oder was sonst hat sich der männliche Teil der Sandviper (*Vipera ammodytes*) mit seinem doppelten Penis gedacht? Ihren griechischen Namen «*ammodytes*», was übersetzt «Sandtaucher» heißt, bekam die Schlange wahrscheinlich versehentlich. Schlangenforscher hatten wohl Sand in den Augen und verwechselten die Sandviper mit der Afrikanischen Hornviper, welche tatsächlich im Sand tauchen kann. Die Sandviper kann ihren Kopf jedoch gar nicht in den Sand stecken – in ihrem angestammten Lebensraum, in Europa und Vorderasien, gibt es keinen Wüstensand. Aber ihren Namen hat sie behalten, was sie selbst am wenigsten stören wird.

Im Frühjahr treffen sich weibliche und männliche Sandvipern zur Paarung. Die Kopulation wird mit einem kleinen Vorspiel eingeleitet. Unter ruckartigen Bewegungen schlängelt er sich auf sie. Seine Hemipenes, so nennen Biologen die beiden Penisse, hat er noch in seinen Hemipenistaschen rechts und links der Schwanzwurzel versteckt. Zum Liebesakt stülpt er beide Penes handschuhfingerförmig aus. Der Hemipenis, welcher der Geschlechtsöffnung der Partnerin am nächsten ist, wird eingeführt. Da Schlangen ja keine Arme und Beine haben, können sie einander während der Begattung nicht festhalten. Dafür sind die Hemipenes der Sandviper mit Stacheln und Dornen bewehrt. So lassen sie sich fest in dem Weibchen verankern. Das macht Sinn und anscheinend auch Spaß, da der Zeugungsakt häufig mehrere Stunden dauert. Alle männlichen Schlangen haben Hemipenes. Die Vorteile der Technik scheinen sich unter diesen Reptilien wohl herumgesprochen zu haben.

Mit einem Teil des Namens lagen die Forscher bei der Sandviper allerdings richtig. Junge Sandvipern werden, nach erfolgter Befruchtung und Ausentwicklung der Eier, von der Mutter lebend geboren – ganz so, wie es das lateinische Wort *Vipera* für «lebend gebärend» vermuten lässt.

Klein, kleiner geht's nicht

Sie war schon immer ständiges Mitglied unserer Darmflora. Mit wenigen tausendstel Millimetern Größe ist sie allerdings so winzig, dass sie uns erst mit der Erfindung des Mikroskops im siebzehnten Jahrhundert auf ihr verdauungsförderndes Wirken aufmerksam werden ließ. *Escherichia coli* oder Kolibakterium wird sie genannt. Als Besonderheit haben Bakterien unter anderem keinen echten Zellkern, das heißt, ihnen fehlt eine zusätzliche Hülle um die Gene, wie man sie sonst in jeder Zelle eines Tieres oder einer Pflanze findet.

Dieser Umstand stört die Kolibakterien jedoch nicht im Geringsten bei den Freuden der Paarung. Sie sind sich ihrer Sonderstellung unter den Lebewesen durchaus bewusst und machen auch aus dem Liebesakt etwas Besonderes: Statt männlich oder weiblich sind sie F^+ oder F^-. F steht für «Fruchtbarkeitsfaktor» und meint ein bestimmtes Gen, das es dem Kolibakterium ermöglicht, sich mit einem anderen zu paaren. Zuvor schwimmen sie behände mit ihrem schiffspropellerartigen Schwanz durch unseren Darm. Einander zu finden bereitet ihnen kaum Schwierigkeiten angesichts ihrer mehrere Milliarden umfassenden Population. Ihr ausgeklügelter chemischer Sinn hilft bei der Suche. Wenn ein F^+- und ein F^--Kolibakterium aufeinandertreffen, ermöglicht der Fruchtbarkeitsfaktor F^+ des einen, eine Art Penis auszubilden. Dieser heißt natürlich nicht Penis, sondern Sexualpilus, was so viel wie «Kleinigkeit» be-

74

deutet. Der Pilus dockt am F^--Kolibakterium an. Das F^+-Kolibakterium kann nun dem F^--Kolibakterium einen von seinen mehrfach vorhandenen Fruchtbarkeitsfaktoren – also etwas Genmaterial – abgeben. Nun wird das F^--Kolibakterium auf F^+ umgepolt, womit es endlich auch eine Kleinigkeit ausbilden, sich ein anderes F^--Kolibakterium suchen und dieses wiederum beglücken kann.

«Konjugation» nennt man das in Fachkreisen. Kopulation ist den Bakterien hingegen fremd. Kindersegen stellt sich nach der Konjugation allerdings nicht ein. Kolibakterien vermehren sich weiterhin durch die klassische Zell- oder Zweiteilung. Aber durch einen zusätzlichen Gencocktail erhöht sich vielleicht ihre Überlebensfähigkeit. Wenn Bakterien ein Geschlecht hätten, wäre das Sex in seiner pursten Form.

Mann lässt sich aushalten

Einseitige emotionale und materielle Abhängigkeiten in einer Partnerschaft sind nicht selten. Das Männchen des Riesenanglers (*Ceratias holboelli*) hat diese unilaterale Beziehung zur Perfektion entwickelt. Er schmarotzt nicht sprich-, sondern wortwörtlich an seiner Partnerin, und das nicht allein, sondern häufig zusammen mit mehreren seiner Kollegen.

Der Fisch gehört zur Familie der Tiefseeangler. Einer seiner bekannten Verwandten ist der Seeteufel, den man immer häufiger als Delikatesse auf dem Teller findet. Der Tiefseeangler erhielt seinen Namen aufgrund eines umgebildeten und beweglichen Rückenflossenstrahls, eines Skelettelements, das normalerweise der Stabilisierung der Flosse dient. An dessen Spitze hängt ein Gebilde, das an einen Angelköder erinnert. Mit diesem Köder locken Tiefseeangler die Beute an, die sie dann in ihre gewaltige Mundöffnung hineinsaugen. Sie leben in tausenden Metern Tiefe des Atlantischen, des Stillen und des Indischen Ozeans. Ohne ihnen zu nahe zu treten – sie sind ziemlich abwegige, vielleicht sogar die merkwürdigsten und hässlichsten aller bekannten Fische. Diese Kobolde des Meeres bestehen oft aus nicht mehr als einer zähnestarrenden Fratze mit einer kleinen Schwanzflosse dran.

Das Männchen beißt sich, sobald er auf das größere Weibchen in den tiefen Tiefen des Ozeans trifft, sofort in ihrer Körperwand fest. Dort verbleibt er für den Rest seines Lebens. Da

das ein unwiderruflicher Schritt von ihm ist, verwächst er gleich
mit ihr und verbindet sein Blutsystem mit dem ihren. Nahrung
bezieht er nun schmarotzend aus ihrem Blutstrom. An keinen
weiteren Aktivitäten mehr interessiert, außer der Fortpflanzung
natürlich, bildet er die meisten Organe wie Augen, Darm und
Zähne zurück. Jetzt muss das Weibchen für ihn sorgen. Oft finden sich noch weitere Riesenanglermännchen ein, die sich
vom Weibchen aushalten lassen. Gemeinsam warten sie auf
den Zeitpunkt der Paarung. Das Weibchen entlässt ihre Eier in
das Wasser, die dann vom Samen der Männchen befruchtet
werden.

Warum nimmt das Riesenanglerweibchen so etwas auf sich? Biologen vermuten, dass sich die Partnersuche in der lichtlosen Tiefsee schwierig gestaltet. Schwimmen sich Mann und Frau dort zufällig über den Weg, bleiben sie besser gleich zusammen – und das unzertrennlich.

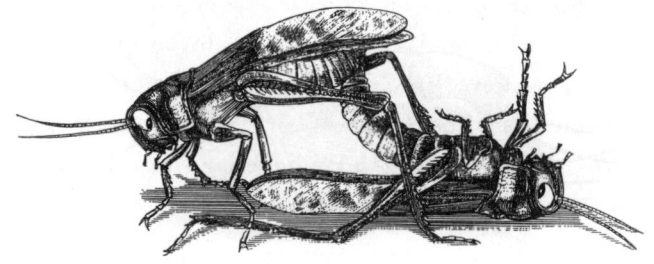

Das Buch der hundert Liebesstellungen

Abwechslung bringt Schwung ins Liebesleben. Auch andere Spezies als die Menschen wissen schon lange um die Kurzweil der Vielfalt, zum Beispiel die Grillen. Besonders gerne besteigt das Grillenmännchen das Weibchen von hinten oder schiebt sich rückwärts unter sie. Da sich ihre Vagina an der hinteren Körperunterseite befindet, erreicht er in dieser Stellung mit seinem am Körperende befindlichen Genitalapparat ihre Öffnung sehr leicht. So ist es einfach am bequemsten. Ebenso beliebt ist unter den Grillen die Stellung, in der er auf dem Rücken liegt, während sie über ihm steht, mit ihrem Hinterteil seinem Kopf zugewandt – auch bekannt als «69». Man beobachtete auch Grillenweibchen, die während der Kopulation durch die Gegend spazierten und dabei das Männchen hinter sich herschleiften. Eine recht rabiate Methode. Erlaubt ist, was Spaß macht? Eine distanzierte Variante der Grillenliebe zeigt ein Paar, das, Hinterteil an Hinterteil ge-

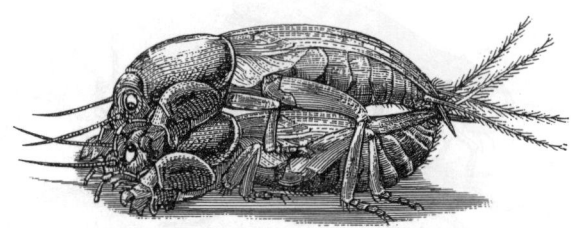

presst, ansonsten aber voneinander abgewandt, sein Liebesspiel vollzieht. Doch die schöne Abwechslung hat einen Haken:
Von den etwa zweitausend Grillenarten paart sich jede Art in
ihrer ganz persönlichen Vorzugsstellung. Bei einer einzelnen
Grille kann daher von Vielfalt keine Rede sein.

Grillen gehören zur Ordnung der Schrecken. Das Wort
«Schrecken» stammt vom althochdeutschen «skrekon» ab. Das
bedeutet «springen», was die ungewöhnliche Fortbewegung
dieser Insektengruppe sehr gut beschreibt. Bekannt geworden
ist die Gruppe der Grillen aber nicht so sehr durch ihr variati-
onsreiches Stellungsspiel, sondern eher durch ihre für unser
Ohr manchmal nervigen, manchmal romantischen Zirpge-
räusche. Das Zirpen dient in erster Linie der Partnersuche. Damit die Liebesbeteuerungen auch gehört werden, haben Grillen
natürlich Ohren – in den Beinen.

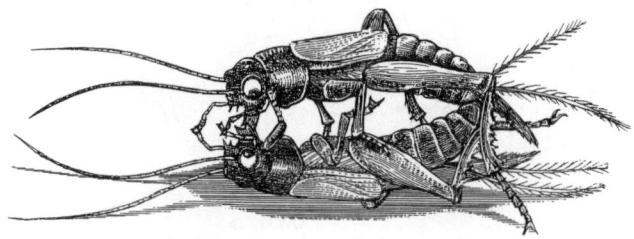

Guten Appetit

Was man so alles in Kauf nehmen muss, wenn man, mit einem übergroßen Geschlechtsorgan gesegnet, in Kalifornien bei Santa Cruz durch die Gegend kriecht, offenbart *Ariolimax dolichophallus*, die Bananenschnecke. Der wissenschaftliche Artname ist hier sehr deutlich, der Penis kann das Doppelte ihrer Körperlänge von etwa fünfzehn Zentimetern erreichen. Und als wäre das nicht schon verwunderlich genug, sind Bananenschnecken zudem noch, wie viele Schnecken, Hermaphroditen, das heißt, sie vereinen Mann und Frau in sich. Daher ist es für Bananenschnecken nichts Ungewöhnliches, einander gegenseitig und gleichzeitig zu begatten. Während des Aktes spiegelt die von ihnen bevorzugte Stellung die perfekte Harmonie wider, Yin und Yang. Ihre Geschlechtsorgane sitzen weit vorne, und so liegen sie für Stunden Kopf an Kopf beieinander, die konisch zusammenlaufenden Körper nach innen gekrümmt.

Allerdings scheinen sich hin und wieder die männlichen Teile der beiden zu verheddern. Oder der erigierte Penis ist nach der Begattung einfach im Weg. Bananenschnecken machen dann kurzen Prozess: Das Ding wird abgekaut und oft auch gleich ganz verdaut. Apophallation wird die Penis-Amputation in Fachkreisen genannt. Leider wächst das Riesenorgan nicht wieder nach. Die Bananenschnecke wird darüber wahrscheinlich nur halb unglücklich sein, kann sie sich doch in Zukunft auf die rein weibliche Rolle konzentrieren.

Bananenschnecken gehören zu den Landlungenschnecken, haben kein Gehäuse und sind gelb, was den volkstümlichen Namen der Schnecke erklärt. Da Bananenschnecken sehr oft auch im campuseigenen Mammutbaum-Wald der Universität Santa Cruz herumkriechen, fanden die Studenten früh Gefallen an ihnen und machten sie zum Maskottchen der Universität. Ob wegen der Farbe oder ihrer anderen Qualitäten, bleibt dahingestellt.

Monogamie, Polygynie, Polyandrie und Polygynandrie

Sittenwächtern sträuben sich bei der Heckenbraunelle (*Prunella modularis*) vermutlich die Haare. Verwandt mit dem Zaunkönig, vögelt sie in europäischen Wäldern, Gebüschen und Hecken mal monogam, mal polygyn, mal polyandrisch und gern auch mal polygynandrisch.

Eine Begriffsklärung verdeutlicht, was die Heckenbraunelle da genau treibt. *Monogamie:* Ein Männchen und ein Weibchen als ein Paar – die traditionelle menschliche Vorstellung einer Partnerschaft. *Polygynie:* Ein Männchen mit zwei oder mehr Weibchen – der Wunschtraum vieler menschlicher Männchen. *Polyandrie:* Sie mit mehreren Liebhabern – unerhörte Vorstellung mancher Wunschträumer und Wunschträumerinnen. *Polygynandrie:* zwei oder mehr Männchen mit wechselseitigem Interesse an zwei oder mehr Weibchen – besser bekannt als Gruppensex.

Was erlaubt sich nun ein Vogel, mal monogam, mal polygyn, mal polyandrisch oder auch polygynandrisch zu sein? Kurz gesagt, es ist nicht Experimentierlust oder Freizügigkeit, sondern die Sorge um den Nachwuchs im Verhältnis zum gerade verfügbaren Nahrungsangebot. Ausführlich gesagt, eine weibliche Heckenbraunelle benötigt bei geringem Nahrungsangebot viel Fläche für die Nahrungssuche, um ihre Jungen durchzufüttern. Wenig Fläche genügt bei ausreichendem Nahrungsangebot. Die Männchen hingegen, die bei der Aufzucht helfen, sind, unabhängig vom Nahrungsangebot, immer nur in der Lage, eine gleich große Fläche gegenüber ihren Konkurrenten zu verteidigen. So können bei reichem Nahrungsangebot mehrere Weibchen im Revier eines Männchens und damit in polygyner Partnerschaft leben. Ist zu wenig zu fressen da, braucht das Weibchen für die Nahrungssuche eine Fläche, die über mehrere Männchen-Reviere hinausgeht. Ein Fall von polyandrischer Partnerschaft. Welches Nahrungsangebot zur monogamen oder polygynandrischen Partnerschaft führt, lässt sich nun ganz leicht bestimmen ...

Und im Jahr darauf werden die bevorzugten partnerschaftlichen Beziehungen an ein besseres oder schlechteres Nahrungsangebot neu angepasst. Sollten sich dann mehrere Männchen ein Weibchen teilen müssen, greifen die Männchen zu einem eigenwilligen Trick in der Hoffnung, so ihren Fortpflanzungserfolg gegenüber den Konkurrenten zu sichern. Bevor sie mit dem Weibchen kopulieren, picken sie ihr mit dem Schnabel mehrfach in den Hintern. Ihre Kloake wird dabei ganz rosa und manchmal scheidet sie einen milchigen Tropfen aus – das Sperma des Vorgängers, mit dem sie gerade hinterm Busch war.

Anti-Aphrodisiakum

Würden sich besonders eifersüchtige Herren der Schöpfung nicht manchmal eine geheime Rezeptur wünschen, die unbemerkt ihre Partnerinnen für mögliche Konkurrenten unattraktiv macht? Für *Pieris brassicae*, den Großen Kohlweißling, ist das schon Realität, für das Weibchen des Großen Kohlweißlings leider eine traurige. Genau genommen wird sie sogar doppelt bestraft.

Der Große Kohlweißling gehört zur Ordnung der Schmetterlinge. Er findet sich in Europa und in Nordafrika und war früher so verbreitet, dass die ausgedehnten Wanderungen des Falters gerne als sommerliches Schneegestöber beschrieben wurden. Sogar das Flattern der Abermillionen Flügel war weithin zu hören. Aber auch heute ist er noch so häufig, dass der männliche Kohlweißling einen Trick anwendet, um seine gerade begattete Partnerin von allen weiteren Werbern fernzuhalten. Er nebelt seine Geliebte mit einem «Duftstoff» ein, der sie für alle anderen Männchen unattraktiv macht. Selbst wenn sie noch Lust auf weitere Abenteuer haben sollte, andere potentielle Liebhaber werden ihr den kalten Flügel zeigen. So bleibt ihr nichts weiter zu tun, als einen Platz für ihr Eiergelege zu suchen, welcher sich, der Name des Weißlings verrät es, oft auf einem Kohl findet.

Doch das zweite Unglück folgt dem ersten sprichwörtlich auf dem Fuß, in Form einer nur einen halben Millimeter kleinen

Schlupfwespe. Die Eier des Kohlweißlings sind das Ziel der Schlupfwespe. Sie braucht diese zur Aufzucht ihres eigenen Nachwuchses. Doch wie soll das kleine Ding in den Weiten des

Kohlfeldes das Gelege eines Kohlweißlings finden? Ganz einfach! Für die Schlupfwespe ist der abstoßende Gestank der gerade begatteten Schmetterlingsdame höchst willkommen, zeigt das Anti-Aphrodisiakum ihr doch den Weg zu der zukünftigen

Mutter und damit den Ort an, an dem in Kürze die Eier liegen werden. Die Schlupfwespe krabbelt als blinder Passagier auf das Kohlweißlingsweibchen und lässt sich per Anhalter – die Biologen sprechen von Phoresie – zum Gelegeplatz des Weibchens mitnehmen. Sobald dort die Eier gelegt sind, wird die Schlupfwespe ihre eigenen Eier in die Eier des Kohlweißlings legen, was letztendlich tödlich für den Nachwuchs des Kohlweißlings endet.

Allerdings gibt es einen, den dieses recht traurige Schicksal des Großen Kohlweißlings freut. Sind nämlich keine Schlupfwespen in der Nähe, so können die Raupen des Kohlweißlings mit unersättlichem Appetit den Kohl ganzer Felder bis auf die Rippen der Blätter vernichten – der Albtraum eines jeden Bauern.

Hauptsache rein

Cimex lectularius bringt es zu lästiger Berühmtheit. Sie gehört zu den unangenehmsten Begleitern der Menschheit, obwohl man sie nur selten zu Gesicht bekommt. Nur drei bis sechs Millimeter groß, versteckt sie sich hinter Scheuerleisten, Bildern, Verschalungen, Lichtschaltern, Möbelritzen und Tapeten. Ihre Verstecke verlässt sie nur, um uns vorzugsweise während des Schlafs zu besuchen. Zur Erinnerung hinterlässt sie schmerzhafte, juckende Quaddeln auf der Haut und blutige Flecken auf der Bettwäsche. Außerdem verteilt sie mit ihren zu Recht so genannten Stinkdrüsen einen widerlichen Geruch in der Wohnung. Diese schlechten Angewohnheiten haben schon den griechischen Dichter Aristophanes etwa vierhundert Jahre vor der christlichen Zeitrechnung dazu veranlasst, eine Abhandlung über die Bettwanzen zu verfassen.

Neuere Forschungen richten den Blick auf die Paarung der Schmarotzer. Die Ergebnisse tragen aber nicht unbedingt zu einem Imagewandel der Bettwanze bei. Die Männchen begatten ihr Weibchen von der Seite. Doch anstatt die dafür vorgesehene Geschlechtsöffnung zu nutzen, führt er seinen mit scharfen Haken versehenen Penis dem Weibchen seitlich in eine Art Tasche, das Ribaga'sche Organ, ein. Dort durchstößt er die Körperwand und entlässt seinen Samen direkt in ihr Körperinneres. Die Samen wandern im Inneren zu den Eiern. Bettwanzenweibchen tragen regelrechte Narben davon.

Gerüchten zufolge sollen manche Männchen sogar noch einen Schritt weiter gehen. Sie stoßen ihren Penis zur Samenentladung den eigenen Geschlechtsgenossen in den Bauch. Diese würden dann bei einer echten Paarung nicht nur ihren eigenen, sondern auch den Samen des anderen übertragen. So könnten Bettwanzen mit homoerotischen Neigungen sogar noch ihren Fortpflanzungserfolg mehren.

Telekopulation

Das Papierboot (*Argonauta argo*) hat ein kleines Problem. Wie soll es Nachwuchs zeugen ohne Penis und ohne dass ihm die künftige Mutter seiner Kinder je über den Weg segelt? Glücklicherweise fand das Männchen eine Lösung, die mehrere Jahrhunderte für wissenschaftliches Seemannsgarn sorgte.

Papierboote gehören zur Klasse der Kopffüßer, gemeinhin als Tintenfische bezeichnet. Das trifft es aber nicht genau: Tintenfische sind keine Fische, sondern Weichtiere. Zudem: Nicht alle Tintenfische haben Tinte. Weibliche Papierboote zeichnen sich durch die Besonderheit aus, dass zwei ihrer acht Arme Kalk produzieren können. Der ermöglicht es ihnen, papierdünne Schalen zu formen und als Boote zu nutzen. Wie ein kleines Schiff von etwa zwanzig Zentimetern Länge schwimmen sie an der Oberfläche des Meeres. So hat es schon Plinius der Ältere beobachtet.

Das Männchen fährt kein Boot. Zudem ist er mit einer Größe von nur einem Zentimeter ein Zwergmännchen. Statt eines Penis setzt er einen seiner vielen Arme zur Begattung ein. Dieser sogenannte Hectocotylus entwickelt sich in einer Blase nahe dem Mund. Ist der Arm bis zu einer Länge von zehn Zentimetern ausgewachsen, platzt die Blase. Er trennt sich vom Körper und schwimmt mit den Samenpaketen oft stundenlang durchs Meer. Trifft er auf ein Weibchen, dringt er in ihre Mantelhöhle ein.

Die Samenpakete explodieren, sobald sie mit weiblichen Drüsenabsonderungen in Berührung kommen, und entlassen den Samen zur Eibefruchtung.

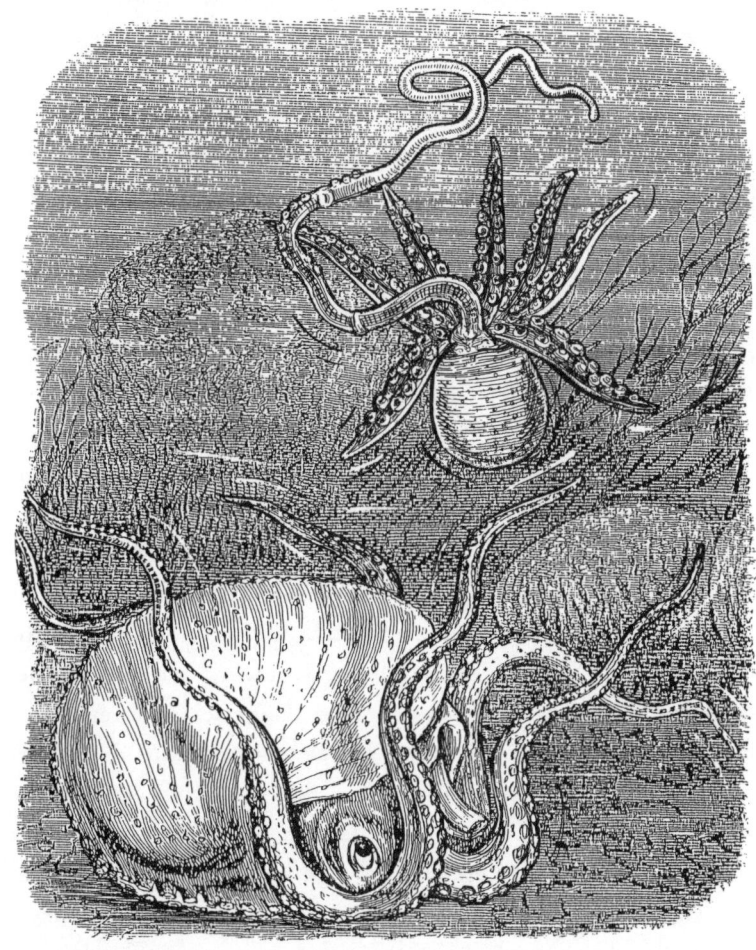

Der Hectocotylus hat die Wissenschaft über Jahrhunderte an der Nase herumgeführt. Bis zum vergangenen Jahrhundert waren die Zoologen der Meinung, dass diese Arme schmarotzende Würmer seien. Aufgrund ihres wurmartigen Aussehens, besetzt mit vielen Saugnäpfen, bekamen sie als angeblich neu entdeckte Tiergruppe den Gattungsnamen Hectocotylus – Einhundert Saugnäpfe. Als der Irrtum geklärt wurde, behielt man den Namen einfach bei, zu sehr hatten sich die Wissenschaftler schon daran gewöhnt.

Nachwuchs mit einem Arm zu zeugen ist unter den mehr als siebenhundert verschiedenen Kopffüßern etwas ganz Normales. Als absonderlicher Außenseiter gilt dagegen *Chiropsis mega* – er besitzt als Einziger einen Penis.

Einbetoniert

Zartbesaiteten mag die folgende Beschreibung auf den Magen schlagen. Die Haupt- und Nebendarsteller: Kratzwürmer, Kakerlaken und Ratten. Die Handlung: gegenseitige Vergewaltigungen unter Männern.

Die Hauptrolle spielt *Moniliformis dubius*, ein Kratzwurm. Den lateinischen Namen erhielt der Kratzwurm aufgrund seines perlschnurartigen oder geringelten Äußeren. Kratzwürmer gehören zu einer sehr eigentümlichen Gruppe von Würmern, die Experten oft zu einem eigenen Tierstamm, den Acanthocephalen, zusammenfassen. Der griechische Name weist auf den mit Dornen besetzten Kopf der Würmer hin.

Der Kratzwurm ist ein Parasit und *Moniliformis dubius* lebt in Kakerlaken und Ratten. Die Kakerlake frisst den Kot der Ratten, in dem sich Eier des Kratzwurms finden. In der Kakerlake schlüpfen die Kratzwurmlarven, bohren sich durch die Darmwand – und warten, bis die Ratte hungrig wird. Die frisst ihrerseits gerne Kakerlaken. Im Darm der Ratte wächst die Kratzwurmlarve nun zu einem erwachsenen Wurm heran. Um durch die Darmperistaltik nicht gleich wieder hinausgeworfen zu werden, fährt der Wurm seinen mit Dornen besetzten Kopf aus und hakt sich damit in der Darmwand fest. Zu viele Kratzwürmer im Darm können heftige Blutungen auslösen, was den volkstümlichen Namen des Wurms erklärt.

In der Darmwand verhakt, beginnt nun ein wesentlicher Lebensabschnitt des Kratzwurms, die Fortpflanzung. Die männlichen Kratzwürmer stülpen eine Kopulationstasche aus dem Hinterleib und über die weibliche Geschlechtsöffnung. In der Tasche findet sich der Penis, der zur Samenübertragung in die Öffnung eingeführt wird. Direkt danach wird die Öffnung mit Zementdrüsen, die sich ebenfalls in der Tasche des Männchens finden, verklebt. Kein anderer soll sich noch an ihr erfreuen dürfen! Und um sich weitere Konkurrenten vom Halse zu halten, kommt der Zement auch gleich noch bei den Kollegen zum Einsatz. Diese werden überfallen und deren Kopulationstaschen zubetoniert. So kann sich der Vergewaltiger ohne Nebenbuhler noch weiteren Weibchen widmen.

Schlussszene: Die weiblichen Kratzwürmer legen täglich bis zu mehrere tausend Eier, die im Kot der Ratte landen und dort auf hungrige Kakerlaken warten. Bei der Eiablage spielt noch ein eigenartiger und im Tierreich einmaliger Genitalapparat im weiblichen Kratzwurm eine besondere Nebenrolle. Ein Eiersortierer lässt nur die befruchteten und spindelförmig ausentwickelten Eier frei, während die anderen Eier wieder zurück in den Körper des Weibchens wandern.

Warum einfach, wenn es kompliziert geht

Sommerboten und Sonnenkünder – so lautet die poetische Umschreibung der Odonaten. *Odonata* bedeutet so viel wie die «Gezähnten». Der Name bezieht sich auf die mit Haken versehene Unterlippe, mit der sie die Beute im Flug zerlegen. Gewöhnlich werden die «Gezähnten» Libellen genannt. Der Volksmund kennt die Insekten auch als Teufelsbolzen, Satansnadel oder Augenstecher. Das sind Namen, die die Libellen erst nach Einzug der christlichen Heilslehre und der damit verbundenen Verdammung der vorchristlichen Göttin Frigga erhielten, zu deren Gefolge sie gehörten. Schon seit gut dreihundert Millionen Jahren umschwirren sie an warmen Sommertagen Bäche und Teiche. Und während dieser Zeit sorgen sie mit einem einmaligen und eigenartigen Paarungsverhalten für Nachwuchs.

Zum Begattungsapparat des Männchens gehört eine seltsame Zange, die sich am Ende des lang gestreckten Hinterleibs befindet. Kurz davor liegt seine Geschlechtsöffnung. Eigentlich würde man hier das männliche Begattungsorgan vermuten. Doch der Penis hat sich zugunsten anderer interessanter Zusätze vollständig zurückentwickelt. So finden sich weiter vorne ein Ersatzpenis, ein Paar Samentaschen und Haken. Beim Weibchen herrschen hingegen klare Verhältnisse. Die Geschlechtsöffnung liegt an der Unterseite des Hinterleibs. Bei der Begattung hat der männliche Plattbauch (*Libellula depressa*), der mit seinem hellblauen platten Hinterleib auf der Suche nach Weibchen bevorzugt die Auen von Flüssen und Bächen abfliegt, Folgendes zu beachten:

1. *Finden der Partnerin und «Vorpaarung»*
   Fliegen Sie Ihre Partnerin von oben an, ergreifen Sie sie mit den Beinen und halten Sie sie fest.

2. *Füllen der eigenen Samentaschen mit Sperma*
   Biegen Sie Ihren Hinterleib bauchwärts, so dass die hinten gelegene Geschlechtsöffnung die Samentaschen vorne erreicht. Füllen Sie nun Ihr Sperma ein.

3. *Bildung einer Paarungskette mit Partnerin*
   Ergreifen Sie jetzt den Kopf der Partnerin mit den zangenartigen Anhängen Ihres Körperendes. (Bitte beachten Sie! Sollte es sich bei Ihrer Partnerin um ein Weibchen einer anderen Art handeln, passt die Zange nicht. In diesem Fall bitte neues, passendes Weibchen suchen und von vorne beginnen.)

4. *Befruchtung, Bildung eines Paarungsrades mit Partnerin*
   Machen Sie zunächst einen Luftkopfstand. Ihre Partnerin wird dann ihren Hinterleib bereitwillig nach unten biegen, bis ihre Geschlechtsöffnung (hinten) Ihren Begattungsapparat (weiter vorne) erreicht. Verbinden Sie nun die Geschlechtsöffnung der Partnerin mit Ihrem Apparat. Nehmen Sie dafür die Haken des Apparates zu Hilfe. Sie haben jetzt ein Paarungsrad mit Ihrer Partnerin gebildet und müssen nur noch den Samen mit dem Ersatzpenis in ihre Geschlechtsöffnung einführen.

5. *Trennung*
   Sie haben es geschafft. Aber bitte bedenken Sie auch, dass alle Begattungsmanöver im Flug zu vollziehen sind!

Nicht umsonst gilt der Plattbauch als bester Flieger unter den Libellen. Zum Schluss noch etwas, was ganz einfach zu merken ist: Augenstecher oder Libellen stechen nicht.

Der Eiermilliardär

Er liebt es feucht, eng und dunkel. Diese optimalen Bedingungen findet der Rinderbandwurm (*Taenia saginata*) im menschlichen Darm. Auch wenn sein Name anderes vermuten lässt, Rinderbandwürmer leben als erwachsene Würmer nur im Darm eines Menschen. Lediglich eine kurze Spanne ihres Lebens halten sie sich, als Larven, im Rind auf. Bandwürmer gehören zum Stamm der Plattwürmer und gelten als perfekte Schmarotzer. Sie haben keine Augen, keine Nase, keine Ohren, keine Atemorgane, kein Kreislaufsystem, keinen Darm und keinen Mund. Die Nahrung wird direkt über die Haut aufgenommen. Das liegt nahe, da die Würmer in unserem Darm sowieso regelmäßig von Köstlichkeiten umspült werden. Doch sie verfügen über eines der kompliziertesten und höchstentwickelten Fortpflanzungsorgane im Tierreich. Ihr meist lebenslanges Single-Dasein im Darm und die damit berechtigte Sorge um Nachwuchs machen das nötig.

Die Rinderbandwurmlarve hält sich im Fleisch des Rindes versteckt. Der Verzehr von rohem oder halb garem Rindfleisch gibt ihr die Chance eines neuen Lebens im Darm des Konsumenten. Mit den Saugnäpfen, die ihren etwa zwei Millimeter großen Kopf umgeben, haftet sie sich an der Darmwand fest. Die Larve beginnt zu wachsen und kann eine stattliche Größe von fast fünfundzwanzig Metern erreichen. Ihren Körper teilt sie in bis zu zweitausend kettenartige Elemente auf. In jedem

Glied findet sich ein komplettes zwittriges, also männliches und weibliches Geschlechtsorgan. Das männliche setzt sich zusammen aus bläschenförmigen Hoden, feinen Samenkanälchen und einem ausstülpbaren Begattungsapparat, dem Cirrus. Das weibliche besteht aus Eierstock, Dottersack, Uterus, Samentasche und diversen Drüsen. Wenn der Rinderbandwurm Nachwuchs haben will – und er will eigentlich immer –, legt er zwei Glieder seiner Kette aneinander und überführt mit dem Cirrus des einen Gliedes den Samen in die Samentasche des anderen Gliedes.

Der Rinderbandwurm wächst vom Kopf her ständig nach. An seinem Ende stößt er die Glieder mit bis zu einhunderttausend befruchteten Eiern ab. Die Glieder kriechen dann selbständig oder unterstützt durch unsere morgendlichen Darmbewegungen ins Freie. Bis zu zwölf Glieder können täglich ihren Weg in die Natur finden. So produziert der Rinderbandwurm im Jahr an die sechshundert Millionen Eier. Bei einer Lebenserwartung von etwa zwanzig Jahren kommt er leicht auf zehn Milliarden Eier. Die Eier sind sehr widerstandsfähig und können jahrelang infektiös bleiben. Mit dem Wind werden sie beispielsweise im getrockneten Zustand über Wiesen und Felder verbreitet. Findet sich eines dieser Eier zufällig im Futter eines Rinds, schlüpft in seinem Magen die Larve. Sie bohrt sich durch die Darmwand, versteckt sich dort im Fleisch und wartet. Auch der Mensch hat irgendwann Hunger, vielleicht auf Rinder-Tatar oder auch Rindersteak «English». Das freut die Larve, sie kann sich jetzt im Darm ihres neuen Wirtes zu voller Pracht entfalten.

Kampf bis zum letzten Mann!

Größenwahnsinnigen Durchhalteparolen sollte man tunlichst aus dem Wege gehen, wenn einem das eigene Leben lieb ist. Für die Feigenwespe *Sycoscapter australis* allerdings ist ein Kampf auf Leben oder Tod bittere Realität und ohne Alternative. Mit ihren gewaltigen und äußerst kräftigen Kieferwerkzeugen beißen sich die männlichen, oft brüderlich verwandten Feigenwespen gegenseitig den Kopf ab, so lange, bis nur noch einer von ihnen übrig bleibt. Der Sieger paart sich dann mit allen vorhandenen Weibchen.

Eigentlich sind die meisten männlichen Feigenwespen ganz lieb. Sie kriechen flügellos durch die Feigenfrucht auf der Suche nach Weibchen, mit denen sie sich paaren können. Ist das geschehen, ist auch ihr Lebenszweck erfüllt und sie sterben in ihrem Geburtsort, der Feige. Die Weibchen dagegen bohren sich, manchmal noch mit Hilfe der Männchen, aus der Feige heraus und fliegen neue Feigenblüten an, um dort ihre befruchteten Eier abzulegen. Genau genommen besteht die Feigenblüte nicht aus einer, sondern aus Hunderten winziger Blüten, die von einer Schutzhülle umgeben sind, die landläufig als Feige bezeichnet wird. Lediglich eine kleine Öffnung – das «Auge der Feige» – ermöglicht es den Feigenwespenweibchen, in die Feige hineinzukrabbeln. Für Feigen ist der Besuch der Wespen überlebensnotwendig, befruchten doch die Wespenweibchen in der Feige die Blüten mit männlichen Feigenpollen, die sie aus der

Feigenfrucht, aus der sie sich herausgebohrt haben, mitbringen. So können sich in der Feige Samen bilden, aus denen neue Feigenbäume wachsen. Und die Feigenwespenweibchen legen in der Feige ihre Eier ab, aus denen sich dann eine neue Generation von Feigenwespen entwickelt. Damit ist nun auch ihr Daseinszweck erfüllt und die Feige wird ihre letzte Ruhestätte.

Im Laufe von Jahrmillionen hat sich diese Symbiose mit hunderten Arten von Feigen und Feigenwespen entwickelt. Feigen können sich nicht ohne Feigenwespen und die Feigenwespen nicht ohne Feigen fortpflanzen. Im Prinzip hat jede Feigenart ihre eigene Wespenart. Doch im Laufe der langen Zeit sind wohl einige Artgenossen unter den Feigenwespen auf die schiefe Bahn geraten. Sie paaren sich in der Frucht, ohne ihren Beitrag zur Befruchtung der Feige zu leisten. Und manchmal kommt es dabei auch noch zu einem fürchterlichen Gemetzel, bei dem sich die Männer bis auf den letzten Mann bekämpfen.

Warum können die Männer von *Sycoscapter australis* nicht brüderlich und friedvoll miteinander umgehen? Man vermutet den Grund in ihrer ausweglosen Lage und der geringen Anzahl der Weibchen. Nicht jeder wird eine abbekommen. Und ohne Flügel können sie keine anderen Feigen und mögliche weitere Partnerinnen aufsuchen. Auf die Frauen der kommenden Generation zu warten hilft auch nicht. Bis dahin sind sie tot. Die einzige Chance zur Paarung entscheidet sich im Hier und Jetzt! Nur wenn die Konkurrenten mit den riesigen Kiefern außer Gefecht gesetzt werden, ist die Weitergabe der eigenen Gene an die nächste Generation gewährleistet.

Feigen schmecken großartig. Aber auch mit Tausenden von Leichen der Feigenwespen darin? Solange man die richtigen Feigen isst, muss man sich darüber keine Gedanken machen. Mittlerweile gibt es kultivierte Feigenbäume, die Feigen ohne Bestäubung und mithin ohne Feigenwespen ausbilden.

Zum Fressen gern

Die Zuneigung zu einem Partner zeigt sich auf vielfältigste und oft auch romantische Art und Weise. Dass mancher die Liebkosungen allzu wörtlich nimmt und seine Partnerin gleich ganz auffuttert, ist bislang nur vom Männchen *Nereis caudata*, einem Seeringelwurm, bekannt.

Seinen wissenschaftlichen Namen erhielt dieser Seeringelwurm von der Meeresnymphe Nereis, einer der fünfzig Töchter des Meeresgottes Nereus. Nicht sein rüder Umgang, sondern ihr farbenprächtiges Äußeres war dabei Namensgeber. Seeringelwürmer können bis zu zweihundert mit Borsten besetzte Segmente haben, die sich nach hinten verjüngen und von grün über gelb bis rot oder orange schillern.

Die Meeresnymphe *Nereis caudata* ist gerne im Schlick der Mittelmeerküste zu Hause. Besonders rücksichtsvoll scheint man dort aus Prinzip nicht miteinander umzugehen. So greift das Weibchen, das sich gerade für ihren zukünftigen – und auch letzten – Partner schön macht, ein anderes Weibchen sofort an, wenn dieses sich auch nur in die Nähe wagt. Sie stülpt ihren Rüssel aus und verbeißt sich mit ihrem Kiefer in den Körper der anderen. Manchmal kann dabei das schöne Hinterteil der einen oder sogar von beiden perdu gehen. Aber auch die Männer trauen sich nicht über den Weg. Sollten sie sich im Schlamm begegnen, sind sie den Weibchen in Grobheit ebenbürtig.

Da mag es kaum verwundern, dass auch Seeringelwurmpaare keinen besonders liebevollen Umgang haben. Nur zieht dabei das Weibchen immer den Kürzeren, wohl auch deshalb, weil es eben kürzer als der Mann ist. Sie wird vom Partner aufgefressen. Natürlich nicht, bevor sie ihre Eier gelegt hat. Aber um alles Weitere kümmert sich der Mann. Die Eier werden in eine von ihm vorbereitete Röhre geschoben und bis zum Schlüpfen der Larven bewacht und bebrütet. Frauen scheinen hier überflüssig. Und da sie sowieso kurz nach der Eiablage stirbt, mag für ihn ein Happen gerade recht kommen.

Nachdem die Larven die Röhre verlassen haben, kann das Männchen auf weitere Weibchen hoffen, nicht nur, um seinen Appetit zu stillen, sondern auch, um sich noch ein weiteres Mal fortzupflanzen.

Auf die Größe kommt es an?! · 1

Wenn man den zahllosen Spam-Mails zu Penisvergrößerungen Glauben schenken soll, scheint es hier einen wirklichen Bedarf oder auch ein erhebliches Maß an Minderwertigkeitskomplexen unter Penisträgern zu geben.

Oxyura vittata, der Argentinischen Schwarzkopfruderente, muss diese Art von Angeboten nicht gemacht werden. Überhaupt ist es schon ungewöhnlich, dass Erpel einen Penis haben. Nur sehr wenige Vögel können so etwas vorzeigen. So hat der männliche Strauß beispielsweise einen Penis von gut 20 Zentimetern Länge. Der Argentinische Schwarzkopfrudererpel dagegen kann mit einer Länge von gut 33 Zentimetern angeben, was knapp seiner Körpergröße entspricht. Wenn er jedoch sein korkenzieherartiges Organ voll ausfährt, kann dieses stattliche 43 Zentimeter erreichen. Damit ist er, bezogen auf seine Körpergröße, der derzeitige Rekordhalter unter den Wirbeltieren. Doch damit nicht genug. Während sich an der Peniswurzel Stacheln befinden, ist die Spitze seines Gemächts weich und einer Bürste ähnlich geformt. Man vermutet, dass er damit den Samen von möglichen Vorgängern aus dem Eileiter des Weibchens herausschrubben kann, bevor er seinen eigenen Samen ejakuliert.

Unter den Experten scheint noch nicht ganz geklärt zu sein, wozu Erpel so etwas mit sich herumschleppen. Argentinische Schwarzkopfruderenten sind, wie andere Ruderenten auch, von Natur aus promisk, das heißt, sie treiben es gerne mit mehreren Partnern. Auch soll es bei ihnen während der Paarung recht rüde zugehen. Ein besonders langer Penis kann für Weibchen möglicherweise besonders attraktiv sein. Also kommt es doch auf die Länge an? Die Bürsten hingegen können sich entwickelt haben, weil der Samen der Erpel in ständiger Konkurrenz untereinander steht und daher beseitigt werden muss. Zusammengenommen scheint dann im Laufe der Evolution die Länge und Form des Erpelpenis etwas aus dem Ruder gelaufen zu sein.

Doch die Untersuchungen sind noch nicht endgültig abgeschlossen. Auch drängen sich weitere Fragen auf: Wie tief kann der Erpel mit seinem Penis penetrieren? Wie muss die Anatomie des weiblichen Eileiters für so ein Ding beschaffen sein? Oder vielleicht auch: Schmerzt es, wenn der Erpel im Flug irgendwo hängen bleibt? Können sich bei Raufereien unter Erpeln die Penisse verheddern?

Bei allen Superlativen ist aus dem Blickfeld geraten, dass Argentinische Schwarzkopfruderenten eigentlich ganz hübsche Enten sind. So hat der Erpel einen auffälligen blauen Schnabel, rostbraunes Gefieder und schwarze Schwanzfedern. Gerade wegen des Schnabels, der flach und breit ist, halten Zoologen Ruderenten für eine besonders eigentümliche Gattungsgruppe unter Enten. Anscheinend haben Entenforscher recht unterschiedliche Vorstellungen davon, was an Ruderenten eigentümlich ist.

Auf die Größe kommt es an?! · 2

Sie sind nur wenige Millimeter groß und, gerade im Sommer, vielen bestens vertraut, bevölkern sie doch zu Hause zahlreich Mülleimer oder überreifes Obst. Obst- oder Taufliegen werden die rotäugigen Zweiflügler genannt, deren Familie etwa siebenhundert Arten umfasst.

Doch was an diesen lästigen Winzlingen ist so großartig? Ganz unerwartet kann die Taufliege *Drosophila bifurca* mit einer Sensation aufwarten, die in der Tierwelt ihresgleichen sucht: ihr Spermium. Dieses ist fast unglaubliche sechs Zentimeter lang, übertrifft damit ihre Körperlänge um das gut Zwanzigfache, ist tausendmal länger als ein menschliches Spermium und überhaupt das bislang längste gemessene Spermium der Welt.

So ein Riesenspermium zu produzieren setzt natürlich Riesenhoden voraus, von denen einer, auseinandergerollt, ebenfalls die Körperlänge der Taufliege um ein Vielfaches übertrifft. Stattliche zehn Prozent seines Körpergewichtes muss das Taufliegenmännchen als Hoden durch die Lüfte hieven. Da sind einige vielleicht jetzt doch ganz froh, erheblich weniger herumtragen zu müssen.

Während andere auf Quantität setzen und in kürzester Zeit Millionen oder Milliarden von Spermien produzieren, um den Fortpflanzungserfolg zu sichern, lässt sich die Taufliege viel Zeit für ein Riesenspermium: fast ein Zehntel ihrer Lebenszeit. Wie kann das gutgehen? Anscheinend ist mit einem erfolgreichen Schäferstündchen, bei dem er seinen Samen dahin bringt, wo dieser hingehört, noch nicht alles getan. Gerade wenn sie noch andere Partner im Auge hat, beginnt der Wettkampf jetzt erst recht – unter den Spermien. Welches ist zuerst beim Ei? Das mit dem längsten Schwanz!

Wenn Mann allerdings glaubt, dass ausschließlich er das Wett-rennen mit der Länge seines Spermienschwanzes entscheidet, hat er die Rechnung ohne die Wirtin gemacht. Eher bestimmt das Weibchen mit ihrem Fortpflanzungstrakt, welches Sper-mium als Sieger ins Ziel einläuft. Im Falle der Taufliege haben Spermien mit langen Schwänzen besonderen Erfolg bei Weib-chen mit langen Fortpflanzungstrakten. Bei anderen Spezies können die Weibchen allerdings schon wieder ganz andere Vor-gaben machen, und die Länge ist dabei völlig unerheblich.

Es reicht also nicht, nur sich selbst für ein Rendezvous mit der Angebeteten schick zu machen, sondern auch der Samen muss für ihren Fortpflanzungstrakt attraktiv werden. Sonst kann eine anvisierte Vaterschaft auf halbem Wege stecken blei-ben. Wie die langen Schwanzfedern eines männlichen Pfaus für die Pfauenweibchen – so der Vergleich der Forscher – sind lange Spermienschwänze für lange Fortpflanzungstrakte von Taufli-genweibchen wohl besonders attraktiv. Schöner anzuschauen sind sicherlich die Federn.

Kleiner Lebensretter

Ist größer immer besser? Je nachdem. Vertraut der männliche Koboldkärpfling (*Gambusia affinis*) hier auf die Vorliebe der Frauen, kann ihm das zum Verhängnis werden.

Das kubanische Wort «gambusino» gab dem Kärpfling seinen Namen und bedeutet so viel wie «armseliges Nichts», wobei hier nicht das männliche Begattungsorgan, sondern der Fisch an sich gemeint ist. Mit wenigen Zentimetern Größe ist der Kobold in der Tat recht unscheinbar. Dennoch tragen die Männer ein in Bezug auf ihre Körpergröße recht beachtliches Begattungsorgan, das Gonopodium, mit sich herum. Es handelt sich um ein aus einer Afterflosse gebildetes und mit Haken besetztes Rohr, mit dem der männliche Koboldkärpfling sein Samenpaket in den Geschlechtstrakt des Weibchens einführt. Dort werden die Eier befruchtet, aus denen sich dann im Weibchen die Nachkommen entwickeln. Die Koboldkärpflinge gehören nämlich zu den lebend gebärenden Zahnkärpflingen.

Doch vor der Begattung gibt es für die Weibchen noch eine kleine Vorstellung. Das männliche Organ hat, dank seiner Entwicklung aus einer Flosse, eine ausgeklügelte Muskulatur. Diese befähigt das Männchen, sein Prachtstück vor der Begattung ausladend zu schwenken. Die Damen sind begeistert – und das umso mehr, je größer der Schwinger ist. Den Kärpflingen mit einem kleinen Gemächt bleibt da nichts anderes übrig, als heimzuschwimmen, fehlen ihnen doch die überzeugenden Argumente.

Zu Hause sind Koboldkärpflinge in den Tümpeln und Seen von Texas. Leider finden sich dort auch einige Genossen, für die sie willkommenes Futter sind. Und was den gut bestückten Kärpflingen bei den Frauen zum Vorteil gereicht, wird ihnen in dieser Hinsicht zum Problem. Denn das mächtige Organ bremst auch mächtig. Während der Koboldkärpfling mit dem mickrigen Gonopodium dem Fressfeind schon längst davongeschwommen ist, pflügt der mit dem großen Ding immer noch träge durchs Wasser – und landet kurz darauf im Magen des Verfolgers. Die von Natur aus Benachteiligten können erneut auf Partnersuche gehen. Und diesmal bestimmt mit mehr Erfolg.

Schon im neunzehnten Jahrhundert erlangten Koboldkärpflinge beachtliche Popularität. Damals aber wegen ihrer Leibspeise, der Mückenlarven. Durch das massenhafte Fressen der Larven trug der Koboldkärpfling gerade in Malariagebieten zur biologischen Bekämpfung der Krankheit bei, wird doch die Malaria durch Anopheles-Mücken übertragen.

Damen aufgepasst, meiner ist fünf Zentimeter lang!

Wie so vieles im Leben sind auch Maße relativ. Richtig prahlen kann die Gemeine Seepocke (*Balanus balanoides*) mit einer Körpergröße von nur einem Zentimeter und einem Begattungsorgan von fünf Zentimetern Länge. Übertragen auf durchschnittliche humanoide Körpermaße hieße das, der Penis käme leicht an die – seien wir mal deutlich – Länge eines Lastkraftwagens heran. Doch wofür braucht man solch ein Monstrum?

Die Seepocke gehört zu den Rankenfüßern, einer Unterklasse der auch gemeinhin als Krebse bekannten Crustaceen. Ungewöhnlich für unsere Vorstellung von Krebsen ist die sesshafte Lebensweise der Rankenfüßer im Meer. Dicht gedrängt findet man sie auf Steinen, Korallen oder Schiffen. Sie erinnern eher an Muscheln denn an Krebse. Alle Körperteile sind von einem Mantel umschlossen, der durch einen Kalkpanzer verstärkt ist. Auch die zu Nahrungsfiltern umgewandelten Beine finden sich im Mantel, womit wir jetzt auch den Hintergrund ihres Namens kennen. Die meisten Arten der Rankenfüßer sind Zwitter, also gleichzeitig Mann und Frau. Der Hoden kann dabei, vermutlich aufgrund des begrenzten Platzangebotes im Mantel, bis in die Beine hineinreichen.

Die Gemeine Seepocke könnte sich ganz einfach selbst befruchten – sie tut es aber nicht. So gibt bei einer Begattung eine Pocke vor, ein Männchen zu sein, während eine andere ein

Weibchen mimt. Ein enger Intimkontakt bleibt ihnen jedoch wegen ihrer sesshaften Lebensweise verwehrt. Der Penis muss alleine zum Weibchen finden. Mit suchenden Bewegungen schwenkt ihn der vorgebliche Mann in der Umgebung hin und her. Geführt von Geruchsstoffen, findet er sein Ziel und entlässt seine Spermien in der Mantelhöhle der vorgeblichen Frau. So sind die gigantischen fünf Zentimeter für die Begattung der netten Nachbarin gerade ausreichend.

Geschlecht, wechsel dich

Nach der landläufigen Vorstellung wird das Geschlecht durch die Gene bestimmt. Dass dabei auch die Körpergröße eine Rolle spielen soll, klingt zunächst kaum glaubhaft. Das interessiert aber *Ophryotrocha puerilis*, einen marinen Borstenwurm, herzlich wenig. Er durchläuft im Leben gleich einige Geschlechterwechsel, gerade so, wie es ihm passt. Sein aus griechischen Wortelementen zusammengesetzter Gattungsname beschreibt die über den ganzen Körper verteilten feinen Wimpernringe. Darüber hinaus findet sich in jedem seiner bis zu fünfunddreißig Körpersegmente das übergreifende Merkmal dieser Wurmklasse, die Borsten. Damit paddelt er in Mittelmeer, Atlantik und Nordsee zwischen Algen und Tierkolonien des Bodens umher. Manchmal macht er es sich auch in Seescheiden, auf dem Boden lebenden Manteltieren, gemütlich, was denen überhaupt nicht gefällt, aber *Ophryotrocha* auch nicht weiter interessiert.

In jungen Lebenstagen ist *Ophryotrocha* noch recht klein, hat nur wenige Körpersegmente – und ist damit ein Mann. Auch wenn er in den nächsten Wochen nicht größer als etwa einen Zentimeter werden wird – sobald ihm mehr als fünfzehn bis zwanzig Körpersegmente wachsen, wird *er* zu *sie*. Das Geschlecht ist damit aber noch längst nicht endgültig festgelegt. Treffen sich zwei *Ophryotrocha*-Würmer, die gleichen, nämlich weiblichen Geschlechts sind, taxiert man sich erst einmal gegenseitig. Die

Kleinere von beiden wandelt sich dann zum Männchen. Männchen allerdings wachsen schneller als Weibchen. Anscheinend ist die Herstellung von Eiern aufwendiger als die von Spermien, was das Wachstum verzögert. Irgendwann überragt das Männchen das Weibchen. Was passiert? Richtig: Die Rollen werden erneut getauscht.

Wissenschaftler vermuten den Grund für dieses erstaunliche Verwandlungsvermögen darin, dass dadurch bei jeder Borstenwurm-Begegnung die Möglichkeit einer Paarung gewährleistet ist – auch wenn man sich auf dem Meeresgrund oder in einer Seescheide nur selten trifft. Hätten dann beide das gleiche Geschlecht und es ließe sich nicht mehr ändern, könnte das für die Arterhaltung problematisch werden.

Ganz nebenbei haben die Forscher bei ihren Beobachtungen und Versuchen noch weitere Tricks entdeckt, wie dieser Meeresborstenwurm sein Geschlecht wechseln kann. Lässt man Weibchen hungern, werden sie kleiner und – logisch – wieder zu Männchen. Und manchmal kommen Biologen auf ganz eigentümliche Ideen: Sie schnitten einigen *Ophryotrocha*-Weibchen ihr Hirn weg. Die Enthirnung verkrafteten die Würmer so weit ganz gut – doch wurden sie nach der Operation wieder zu Männchen. Ein schwieriger Fall für Gleichstellungsbeauftragte.

Das Geheimnis der Medusen

Wenn ein Schwimmer an einem europäischen Strand anfängt zu schreien, hat *Cyanea capillata* einen Brand gelegt. Bis zu acht Stunden wirkt das schmerzhafte Gift ihrer nesselnden Tentakeln. Doch hinter der Feuerqualle steckt mehr als Glibber, Tentakeln und vermiestes Urlaubsvergnügen. Mit einem Durchmesser von über zwei Metern gehört sie zu den größten bekannten Quallen. Und ihre sonderbare Fortpflanzungstechnik – immer abwechselnd geschlechtlich und dann wieder ungeschlechtlich – erstaunt. «Metagenetischer Generationswechsel» wird das in Fachkreisen genannt.

Quallen, so wie sie jeder kennt, mit Schirm und Tentakeln, zeigen nur die halbe Wahrheit ihrer Existenz. Biologen nennen sie «Medusen», nach einem weiblichen Ungeheuer der griechischen Mythologie mit schlangenartigen Haaren. Quallen-Medusen sind aber sowohl weiblich als auch männlich. Für ihre geschlechtliche Fortpflanzung haben Medusen allerdings keine Kopulationsorgane: Sie setzen Eier und Spermien über den Mund in das Wasser frei. Damit in den Weiten des Meeres Ei und Spermium für die Befruchtung zueinanderkommen, synchronisieren männliche und weibliche Medusen, die sich in Gruppen zusammenfinden, die Abgabe ihrer Geschlechtsprodukte.

Aus einem befruchteten Ei entwickelt sich die Planula-Larve, ein umhertorkelndes Tierchen, das schnellstens festen Boden braucht. Auf Steinen, Holzstücken oder Plastikabfall vollzieht die Larve eine wundersame Wandlung in ein Tier, das für die meisten von uns außerhalb der Wahrnehmung liegt. Es ist die andere Existenz der Qualle. Das Tier wird Polyp genannt und erreicht oft nur eine Größe von wenigen Millimetern. Im Laufe seiner Entwicklung beginnt der wurstförmige Polyp sich an mehreren Stellen ringförmig einzuschnüren. Er strobiliert – die ungeschlechtliche Fortpflanzung der Qualle. Die eingeschnürten Teile lösen sich ab und machen sich als kleine Baby-Medusen selbständig. Phantasievolle Naturforscher sahen in dem eingeschnürten Polyp einen Tannenzapfen, griechisch «Strobilus». Die winzigen Baby-Medusen der Feuerqualle wachsen zu einer stattlichen Größe heran, die man an heimischen Stränden oder beim Schwimmen im Meer bewundert oder verflucht.

Nicht nur in die Annalen der Wissenschaft, auch in die Kriminalgeschichte hat die Feuerqualle Eingang gefunden. Kein Geringerer als Sherlock Holmes überführte die in England Löwenmähne genannte Feuerqualle als Mörderin eines Schwimmers. Ob das eine künstlerische Freiheit des Autors ist, sei dahingestellt – bestimmte Quallenarten vor der Küste Australiens sind tatsächlich lebensgefährlich für den Menschen.

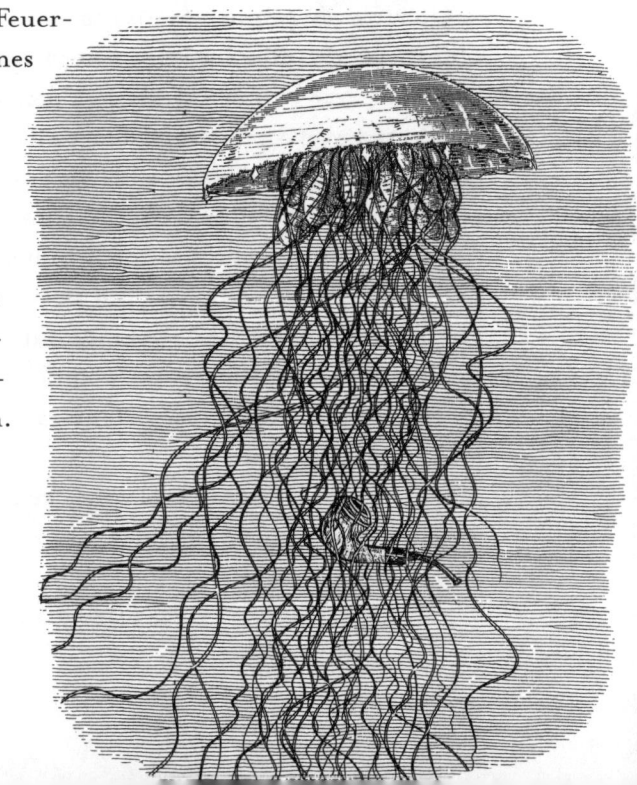

Nur die eigenen jungfräulichen Schwestern

Sie sitzen in Haarbälgen, in Teppichen, auf Polstern, im Mehl oder Käse. Überall finden sich die mit bloßem Auge kaum erkennbaren Milben. Sie gehören zum Unterstamm der Spinnentiere und schmarotzen auf Tieren und Pflanzen. Als Schädlinge und Krankheitsüberträger haben sie eine enorme wirtschaftliche Bedeutung. Daher bildete sich ein eigener Forschungszweig aus, die Milbenforschung oder Acarologie. Acarologen entdeckten im Leben der Mottenmilbe (*Pyemotes herfsi*) einige wenig delikate Details über deren Fortpflanzung.

Mottenmilben sind lebend gebärend, das heißt, die jungen Milben durchlaufen Larven- und Puppenstadium im Mutterleib. Dabei schwillt der Hinterleib der Mutter extrem an. Man nennt sie daher auch Kugelbauchmilben. Als Erstes schlüpfen die Knaben. Sofort stürzen sie sich mit Heißhunger auf die Mutter, stechen diese an und saugen sie aus, um sich zu sättigen. Auch die kleinen Schwestern sind bald bereit für ein Leben außerhalb des Mutterschoßes. Die satten Brüder helfen bei der Geburt. Sie hebeln und stemmen ihre Schwestern mit ihren zangenförmigen Hinterbeinen aus der Geburtsöffnung der Mutter, die jetzt endgültig das Zeitliche segnet. Die rabiate Hilfe erfolgt nicht ganz uneigennützig: In einer eigenwilligen Interpretation von Geschwisterliebe werden die Schwestern gar nicht erst losgelassen, sondern direkt nach der Geburt begattet.

Der Mottenmilbe lassen sich aber auch positive Seiten abgewinnen. Die arg gebeutelten Weibchen überfallen nach diesem Kindheitstrauma die Raupen der Kleidermotte, lähmen sie und saugen sie aus. So hält die kleine Mottenmilbe den Mottenbefall im Kleiderschrank zumindest etwas in Grenzen.

Auf immer vereint

Frischverliebte kennen das Gefühl der innigsten Verbundenheit und den Wunsch nach ständiger körperlicher Nähe. Eng umschlungen, können sie nicht voneinander lassen – allenfalls wegen profaner Dinge wie Nahrungsaufnahme oder vielleicht, weil es mit der Zeit doch etwas langweilig wird. Harnblasen-Pärchenegel (*Schistosoma haematobium*) dagegen haben das engste Zusammenleben perfektioniert. Dafür hat das Männchen eigens einen röhrenförmigen Kanal an seiner Unterseite, in dem es sich das Weibchen ein Leben lang bequem macht. Das können immerhin fünfundzwanzig Jahre sein. Doch bevor es zu dieser trauten Zweisamkeit in den Blutgefäßen unserer Harnorgane kommt, haben die jugendlichen Pärchenegel einen langen Weg vor sich. Die befruchteten Eier des Pärchenegels, parasitische Würmer, gelangen aus den Blutgefäßen des Menschen in die Blase. Dabei lösen sie Blutungen und Entzündungen aus. Über den Urin scheidet der Mensch die Eier aus. Pinkeln Kranke in Teiche, Seen oder Kanäle, so entwickeln sich im Wasser aus den Eiern Larven, die sogenannten Miracidien. Das bedeutet auf Griechisch so viel wie «kleiner Knabe» – es sind aber auch kleine Mädchen dabei. Die Larven suchen nun Schnecken im Wasser, in die sie eindringen. Hier wachsen sie über mehrere Stadien zu einer größeren Larve heran. Aufgrund ihres Gabelschwanzes gaben Biologen ihnen den Namen «Cercarie», welcher sich aus dem griechischen Wort für Schwanz herleitet.

Sie verlassen die Schnecke wieder und suchen sich den nächstbesten Menschen. Der badet oder verrichtet im Wasser stehend gerade wieder seine Notdurft. Die mikroskopisch kleinen Cercarien bohren sich durch die Haut und wachsen im Gewebe zu jungen Pärchenegeln heran. Im Blutgefäßsystem der Harnblase finden sie als Mann und Frau zueinander. Er hüllt sie mit seinen verbreiterten Seiten wie mit einer Decke in sich ein, obwohl sie mit zwei Zentimetern manchmal doppelt so groß ist wie er. Der Pärchenegel wird sich in den kommenden Jahrzehnten ausgiebig um Nachwuchs kümmern.

Auch wenn der Weg zum Glück in den Blutgefäßen unserer Harnblase für Pärchenegel kompliziert erscheint, so ist er doch sehr erfolgreich. Rund zweihundert Millionen Menschen in den Tropen und Subtropen sind Wirte des Pärchenegels. Nach dem Entdecker und Arzt Theodor Bilharz wird die Krankheit seit dem vergangenen Jahrhundert Bilharziose genannt. Aber schon im alten Ägypten war diese Plage, wenn auch nicht unter diesem Namen, bekannt, wie man an Untersuchungen von Mumien herausfand. Hätten schon damals die Menschen vermieden, in Teichen und Seen zu baden, so hätte der Pärchenegel vielleicht nur noch halb so viel Spaß und wir halb so viel Leid. Heutzutage kann man die Bilharziose medikamentös behandeln und so schwere Blasenwandschäden vermeiden.

Tödlicher Kuss

Das Weibchen von *Serromyia femorata* hat ganz eigene Vorstellungen von einem perfekten Kuss. Ihre besondere Leidenschaft gilt dem Saugen. Gesaugt werden die gesamten Körpersäfte des Partners, bis nur noch die leere Hülle des Liebhabers übrig bleibt.

Diese Eigenart lässt sich gut in Kanada beobachten, allerdings nur dann, wenn gerade eine Lupe zur Hand ist. Die Junggesellen-Gnitzen, so der aus dem Englischen übersetzte volkstümliche Name von *Serromyia*, werden kaum größer als zwei Millimeter. Sie gehören zur Familie der Gnitzen – ein niederdeutscher Ausdruck für Mücken. Sie sind mithin Verwandte der Mücken und gelten als höchst unangenehme Blutsauger. Gerade Forstarbeiter und Jäger haben schon oft sehr schmerzhafte Bekanntschaft mit den weiblichen Gnitzen machen müssen, die bevorzugt in den Abendstunden mit ihren stechend-saugenden Mundteilen blutdürstig über die Haut an Ärmel- und Kragenrändern herfallen. Gnitzenstiche können zu starkem Brennen, Juckreiz und Blasen führen. Mückennetze helfen da wenig. Die winzigen Zweiflügler kommen überall durch und benötigen das Blut für die Aufzucht ihrer Eier.

Wer immer noch Interesse hat, das Leben dieser Plagegeister weiter zu erforschen, kann jetzt einen genaueren Blick auf die Junggesellen-Gnitzen werfen. Die Weibchen parasitieren gerne an nahen Verwandten, den harmlosen Zuckmücken, auch weil sie das Blut der Zuckmücken für die Aufzucht ihrer Eier brauchen. Im Schwarm gehen sie auf die Suche nach ihren Opfern. Im Schwarm finden sie auch ihre Paarungspartner, die sie mit Sexuallockstoffen ködern. Das Weibchen angelt sich im Fluge ein neugieriges Männchen und hält es unter sich. Ihre Körperseiten einander zugewandt, verhakt das Männchen seine Kopulationsorgane mit denen des Weibchens, um so das Spermienpaket, Spermatophore genannt, zur Eibefruchtung zu übertragen. Auch ihre Mundwerkzeuge berühren sich während der Paarung, und kaum dass der Paarungsakt vorüber ist, beginnt das Weibchen – sozusagen mit einem heftigen Zungenkuss – das Männchen vollständig auszusaugen. Hier kommt es anscheinend wirklich nur auf die inneren Werte an.

Was hat das Männchen nun davon, als leere Körperhülle zu enden? Oft verbleiben die Reste seines Genitalapparates im Weibchen. So kann sich kein anderes Männchen mehr mit ihr paaren. Er hat damit posthum die Sicherheit, alleiniger Vater der Nachkommen zu sein. Und ihr spart der Saft ihres Mannes Zeit und Energie, die sie für die Suche nach weiteren Zuckmücken aufwenden müsste.

Herr im Haus

Die Fischlaus (*Paragnathia formica*) lebt im Bodenschlamm des Meeres. Meistens trifft man die männliche Fischlaus nicht allein an. In seinem schlammigen Heim hält er sich einen Harem, der manchen Pascha vor Neid erblassen lassen würde. Doch bevor der Fischlausmann seine Vorstellung vom perfekten Heim umsetzt, wird er in einer kurzen jugendlichen Sturm-und-Drang-Phase seinem Namen gerecht. Er sitzt am Fisch und saugt dessen Blut. Ist er erwachsen, sucht er sich schlammigen Boden und bohrt einen zwanzig Zentimeter tiefen Gang mit einer Kammer am Ende. Jetzt kann er sich den wahren Freuden des Lebens widmen.

Dafür fehlen noch die Damen. Sobald das Fischlausmännchen sein verlockendes Parfum, ein sogenanntes Pheromon, aus der Kammer in die Welt hinauspustet, kommen sie angeschwommen. Doch eine ist ihm nicht genug. Mit seinen kräftigen Vorderzangen zerrt er ein betörtes Weibchen nach dem anderen in seine Kammer. So sammelt er einen stattlichen Harem mit bis zu zwanzig Weibchen. Die Weibchen wollen natürlich alle der Reihe nach begattet werden, da bleibt nicht viel Zeit für anderes. Braucht es auch nicht; denn das, was er in seiner Jugendzeit an Blut schmarotzte, reicht für den Rest seines Lebens. Auch die Weibchen haben sich in ihrer Jugend ausreichend an Fischen gesättigt, so dass sie sich zukünftig ausschließlich um die Aufzucht ihrer Kinder kümmern können. Die befruchteten Eier legen sie nicht ab, sondern lassen sie in sich heranreifen. So gebären die Haremsfrauen ihrem Pascha in kurzer Zeit eine Menge Nachwuchs.

Fischläuse sind eng verwandt mit den uns wohlbekannten Kellerasseln, die wiederum zu den Krebsen gehören. Asseln haben ihren Namen vom lateinischen «Asellus» bekommen, was «Eselchen» bedeutet und auf ihre graue Färbung zurückgeführt wird. Und tatsächlich wird in manchen Gegenden die Kellerassel heute noch «Kellereselchen» genannt.

Protandrischer Hermaphroditismus?

Fragen Sie einmal einen Austernzüchter nach protandrischem Hermaphroditismus. Er wird Ihnen wahrscheinlich nicht weiterhelfen können. Erkundigen Sie sich jedoch bei ihm nach *Crepidula fornicata*, der Pantoffelschnecke, wird er mit Sicherheit das Gesicht verziehen und «Austernpest» ausrufen. Pantoffelschnecken sind viel bekannter für ihre schädliche Wirkung in Austernfarmen als für ihre einmalige Fortpflanzungstechnik. In ihrer Jugend sind sie ausschließlich Männchen, werden im Anschluss daran für kurze Zeit sowohl männlich als auch weiblich, um dann im reiferen Alter die weibliche Seite auszuleben. Als vormännliches Zwittertum lässt sich dieser Lebenswandel beschreiben. Der Fachmann sagt dazu protandrischer Hermaphroditismus.

Pantoffelschnecken hocken im Wasser die meiste Zeit aufeinander und bilden sogenannte Turmketten aus bis zu zwölf Tieren unterschiedlicher Größe. Zuunterst finden sich die größte und älteste Schnecke und zugleich die stolze Mutter. Ganz oben sitzt die kleinste Schnecke, noch Männchen, aber die Verwandlung in ein Weibchen erwartend. Die dazwischen sitzen, harren der Dinge, sind gleichzeitig Mann und Frau und trotzdem unfruchtbar. Auch die «Großmutter» am untersten Ende der Kette wird oft noch in die Pflicht genommen und nach ihrem Tod einfach weiter festgehalten. Damit das Männchen oben im Turm das Weibchen im Erdgeschoss begatten kann, besitzt es einen sagenhaft langen Penis, den es über seine Mitbewohner hinweg zu den Weibchen herunterlässt. Auch die Jungmännchen, die noch frei umherkriechen, begatten die Weibchen im Turm, bevor sie sich ebenfalls für ein Leben im Turm entscheiden.

Ihren phantasievollen Namen erhielten Pantoffelschnecken wegen der besonderen Form ihrer Schale. Von unten betrachtet, erinnert die flache Schale, deren Öffnung mit einer Art Haut halb geschlossen ist, an einen typisch deutschen Hausschuh. Von oben betrachtet, hat die Schale den Volksmund ebenfalls zu eigenwilligen Bezeichnungen wie «Chinesische Dächer» oder «Ungarische Münze» angeregt. Die Pantoffelschnecken wurden 1880 von Nordamerika nach Europa mit importierten Austern eingeschleppt. Sie leben in Küstennähe, fressen Plankton und sitzen auf den Austernschalen. Mithin sind sie Nahrungskonkurrenten der Muscheln. Die Austern verkümmern und mit ihnen die Einnahmen ihrer Züchter.

Der Tanz um das Paket

Tanz ist für viele eine elementare Lebensäußerung. Für den Nordafrikanischen Dickschwanzskorpion (*Androctonus australis*) und seine Verwandten hängt sogar der Nachwuchs vom Tanzen ab. Die Eier weiblicher Skorpione müssen innerlich befruchtet werden, den männlichen Artgenossen fehlt jedoch der Penis. Um dennoch ans Ziel ihrer Wünsche zu kommen, tanzen Dickschwanzskorpione einen Pas de deux im Wüstensand. Vielleicht wird der Gott der Befruchtung dadurch günstig gestimmt, mit Sicherheit kommt so aber der Samen zum Weibchen.

Finden sich zwei Geschlechtspartner – was bei Skorpionen durchaus zufällig passiert, da sie fast blind und taub durch die Gegend laufen –, richten beide ihren Hinterleib auf. Dabei fangen sie an, rhythmisch zu zucken: die Aufforderung zum Tanz. Der Mann ergreift die Hände, besser gesagt, Scheren seiner Angebeteten. Er zieht sie rückwärts, drückt, schiebt, wendet und dreht sie, dass es jedem Tanzlehrer Freude bereiten würde. Da Skorpione sehr ausdauernde Tänzer sein können, würde sich der Abschlussball allerdings nicht selten, Nacht für Nacht, über mehrere Wochen hinziehen.

Nach zahlreichen Umdrehungen ist das Weibchen bereit für die Zärtlichkeiten des Mannes. Der treibt ihr erst einmal den Giftstachel in den Körper. Glücklicherweise ist sie immun gegen das Gift. Dann zieht er sie mit den Scheren an sich und betrillert mit den Vorderbeinen ihre hochempfindlichen und beweglichen Kämme auf der Bauchunterseite. Damit signalisiert er ihr die bevorstehende Samenübertragung. Das Männchen setzt ein Samenpaket am Stiel auf dem Boden ab. Beim Walzer rückwärts zieht er nun seine Partnerin über das Paket. Ihre Kämme erfühlen und umfassen es – und führen es in die Geschlechtsöffnung ein. Erschöpft vom Tanz, trennen sich beide sofort und gehen ihrer Wege.

Keiner – außer den Artgenossinnen – sollte mit den Zärtlichkeiten des männlichen Dickschwanzskorpions Bekanntschaft machen. Er gilt als der giftigste unter den Skorpionen. Durch seinen Stich kann ein Mensch erblinden und ersticken. Aber Dickschwanzskorpione machen vom Stachel nur selten Gebrauch. Wenn er nicht gerade beim Paarungstanz gebraucht wird, klettern sie oder kratzen sich damit.

Wie es mir gefällt

Shakespeare liebte in seinen Stücken das Verwirrspiel der Geschlechter. Seine Figuren wechselten jedoch nur die Kleider, um das andere Geschlecht zu spielen oder gespielt vorzutäuschen. Einen Schritt weiter geht der Rotbandige Papageienfisch (*Sparisoma aurofrenatum*). Er wechselt im Laufe seines Lebens nicht nur sein Schuppenkleid, sondern gleich sein ganzes Geschlecht. Papageienfische leben in Korallenriffen. Sie haben ihren Namen von ihrem scharfkantigen Schnabel und ihrer überwältigenden Farbenpracht. Ihr Schnabel bildet sich aus der Verschmelzung ihrer Zähne. Mit ihm beißen sie Stücke aus den Korallen heraus und zerquetschen sie unter lautem Krachen.

Dass Papageienfische die Dinge – ganz besonders natürlich die Paarung – mal aus der weiblichen und mal aus der männlichen Sicht erfahren, verdanken sie ihrer Lebenssituation: Sie wachsen das ganze Leben. Die Ältesten, und damit Größten, sind in der Regel Männchen. Mit der körperlichen Überlegenheit spielen sie ihre Macht aus. Sie teilen das Korallenriff in Reviere unter sich auf und versammeln Harems um sich. Junge und kleine männliche Papageienfische haben da gar nichts zu melden. Also bleiben sie lieber Weibchen und lassen sich von den Ältesten begatten. So haben sie immerhin ein paar eigene Nachkommen. Werden sie dann älter und größer, kommt irgendwann die Chance, es auch mal als Männchen zu versuchen.

Klappt das, hat nun *er* viele Weibchen unter sich und kann seine Nachkommenschaft mit der Vielweiberei vervielfachen.

Dieser tolle Trick der Auto-Geschlechtsumwandlung hat den Fischforschern eine Zeit lang, ohne dass sie es wussten, doppelte Arbeit beschert. So unterschiedlich fallen die Jungen und Alten, die Weibchen und Männchen unter den Papageienfischen aus, dass sie zunächst als zwei unterschiedliche Arten beschrieben und erforscht wurden.

Zweidrittelfrau sucht halben Mann

Erscheint das Zusammenleben von zwei Geschlechtern, Mann und Frau, nicht schon kompliziert genug? Dem Vielköpfigen Schleimpilz (*Physarum polycephalum*) wohl nicht – er bringt noch über fünfhundert weitere Geschlechter ins Spiel.

Dieser Geschlechterwirrwarr findet sich in feuchten deutschen Wäldern. Dort wohnen Schleimpilze und kriechen als riesige Plasmodien mit manchmal bis zu dreißig Zentimetern Durchmesser durch die Gegend. Plasmodien sind Hunderte oder manchmal Tausende von ursprünglich unabhängigen Individuen, die sich zu einem gelben Schleimklumpen zusammengetan haben. Wenn die Nahrung knapp oder der Wald zu trocken wird, bilden sie kleine Stiele mit Köpfchen, die die Sporen für die Vermehrung enthalten. Diese verteilt der Wind, der sie hoffentlich auch bis zu einem feuchten Waldboden trägt. In der nassen Umgebung schlüpfen aus den Sporen begeißelte Zellen, die Gameten. Sie schlängeln sich mit ihrem Schwanz durch den Wald auf der Suche nach anderen Gameten – ihren Geschlechtspartnern, um durch Verschmelzung zu einem neuen winzigen Schleimpilz heranzuwachsen.

Doch bei der Paarung gibt es einige Regeln zu beachten. Versuchen wir uns vorzustellen, dass Schleimpilze sehr weiblich oder sehr männlich sein können. Hinzu kommen gut fünfhundert Zwischenformen, die eher weiblichen oder eher männlichen Geschlechts sind. Gleiche Geschlechter können sich nicht untereinander fortpflanzen – das entspricht noch unseren sexuellen Erfahrungen. Doch je nachdem, ob sein oder ihr Partner mehr Frau oder weniger Mann ist, wird er oder sie mehr Mann oder weniger Frau sein. Das eigene Geschlecht wird so kurz vor der Paarung durch die geschlechtliche Stellung des Partners festgelegt.

Die über fünfhundert Geschlechter des Vielköpfigen Schleimpilzes sind für den unbedarften Zweigeschlechtler äußerlich nicht voneinander zu unterscheiden. Doch es kommt auf die inneren Werte an: Schleimpilze verfügen wie alle Lebewesen über kleine Kraftwerke. Diese Mitochondrien versorgen den Organismus mit Energie. Beim vielköpfigen Schleimpilz gibt es davon verschiedene Typen, wobei jeder Schleimpilz nur einen Mitochondrien-Typ in sich trägt. Lediglich ein Schleimpilz von beiden kann bei der Paarung auch seine Mitochondrien an die nachfolgende Generation weitergeben. Die Mitochondrien des anderen Schleimpilzes werden eliminiert. Auch bei uns Zweigeschlechtlern ist das so: Nur ein Geschlecht, die Frauen, vererben die Energieversorger an die nächste Generation. Bei den Schleimpilzen geben Immer-Frauen ihre Mitochondrien stets weiter, Nur-Männer hingegen nie. Für die anderen Geschlechter hängt das von ihrem jeweiligen Status zum Beispiel als Zweidrittelfrau, halber Mann und allen weiteren Zwischenformen ab.

Wer Schleimpilze als Haustiere mag und ihre Geschlechtervielfalt einer näheren Betrachtung unterziehen möchte, züchtet sie am besten auf feuchtem Kaffeefilterpapier, garniert mit einer von Forschern empfohlenen Schleimpilzlieblingsspeise – Haferflocken.

En Garde!

Es gab Zeiten, da wurden Rivalitäten und Entehrungen gern und dummerweise mit Säbel und Degen ausgefochten. Der Penis kam bei solchen Duellen eher nicht zum Einsatz. Mit ebendieser Waffe aber hält *Pseudoceros bifurcus*, ein Strudelwurm, diese eigensinnige Tradition weiter aufrecht. Und bei seinem Kampf geht es um wesentlich grundsätzlichere Dinge: Strudelwürmer duellieren sich um das Vorrecht, wer Mann sein darf und wer Frau sein muss.

Mit einer Größe von nur sechs Zentimetern finden sich die Vertreter von *Pseudoceros bifurcus* im Great Barrier Reef, einem riesigen Korallenriff vor der Küste Australiens. Dort tragen sie mit ihren irisierenden Farben zur Farbenpracht des Korallenriffs bei. Strudelwürmer gehören einer urtümlichen Gruppe von Plattwürmern an und bekamen ihren Namen aufgrund des gleichgerichteten Schlages tausender Wimpern auf der Körperunterseite, mit denen sie durch das Wasser dahingleiten können. In der Wissenschaft sind Plattwürmer besonders wegen ihrer Regenerationsfähigkeit berühmt. Man kann einen Plattwurm in kleine Stücke schneiden und aus jedem Teil wächst ein neuer Wurm. Das Geheimnis würden Forscher gerne lüften, um auch bei uns Menschen Fehlendes regenerieren zu lassen.

Interessant ist aber außerdem, dass *Pseudoceros bifurcus* ein Zwitter ist, er vereint das männliche und weibliche Geschlecht in sich. Und damit fangen die Schwierigkeiten an. Kein Strudelwurm möchte wirklich Frau und alle wollen lieber Mann sein. Männliches Sperma lässt sich im Vergleich zu weiblichen Eizellen in viel größeren Mengen produzieren und auch auf mehrere Partner verteilen. Betrachtet man die Anzahl der Nachkommen, kann der Fortpflanzungserfolg eines männlichen Strudelwurms demnach viel größer sein als der eines Weibchens. Diesen Vorteil überlässt kein Strudelwurm dem anderen kampflos. Der Mantel-und-Degen-Kampf beginnt. Sie richten sich voreinander auf und fahren ihre äußerst spitzen Penisse aus, mit denen sie sich nun gegenseitig zu stechen versuchen. Bis zu einer Stunde kann das Duell andauern, in dessen Verlauf sich beide nicht unerhebliche Verletzungen zuziehen. Allerdings ist es völlig gleichgültig, wo zugestochen wird. Hier zählt jeder Treffer. Dabei wird das Sperma an einer beliebigen Körperstelle injiziert. Der Samen wird seinen Weg allein zu den Ovarien des getroffenen Gegners finden und dort die Eier befruchten.

Am Ende ist derjenige «Sieger», der die wenigsten Löcher in seinem Körper zählt. Aber auch die «Besiegten» müssen nicht unglücklich sein. Sie haben sich von einem besseren Stecher begatten lassen und diese Qualitäten können an die Nachkommen weitergegeben werden.

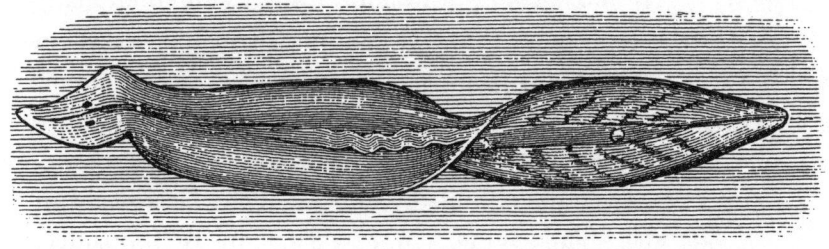

Eunuch durch eigenen Akt

Herennia ornatissima spinnt ihre Netze in Malaysia und ist verwandt mit der bekannten Kreuzspinne. Das etwa einen Zentimeter große Weibchen hat einen wunderschönen, mit roten Punkten geschmückten weißen Hinterleib. Nennen wir sie der Einfachheit halber und mangels deutscher Namen für Malaiische Spinnen «die Schöne». Das Männchen dagegen ist klein und sieht dabei auch noch fast wie eine Ameise aus. Belassen wir es bei «dem Kleinen». Beide finden sich auf Baumrinden oder senkrechten Felsen, wo dem Kleinen ein wirklich bedauernswertes Schicksal vorherbestimmt ist.

Wie bei fast allen Spinnen ist die Paarung, zumindest für ihn, nicht ganz ungefährlich. So muss der Kleine das Sperma mit seinen zu speziellen Begattungsorganen umgewandelten Vorderbeinen in die Geschlechtsöffnung der Schönen übertragen – natürlich ohne dabei gefressen zu werden. Während des heißen Liebesspiels unter größter Gefahr bricht sich der arme Kleine bedauerlicherweise jedoch immer beide Begattungsbeine in der Geschlechtsöffnung der Schönen. Wohl wissend, mit seinen Beinen nie mehr kopulieren zu können, beißt er sich beide ab und lässt sie im Netz der Schönen zurück.

Doch damit nicht genug. Die Schöne ist von Natur aus auch für weitere Liebesspiele offen. Das wissen viele andere noch potente Kleine sehr genau, die um das Netz der Schönen herumlungern. Also bleibt dem kleinen Eunuchen nichts anderes übrig, als für den Rest seines Lebens auf seine Schöne aufzupassen und sich mit jedem, der sich ihrem Netz nähert, einen Kampf zu liefern. Nur damit ihm die Hoffnung bleibt, dass sein großes Opfer der Selbstverstümmelung letztlich doch noch zu Nachwuchs vom eigenen Blute führt.

Der Parasit im Parasit

Zwei kräftige Zangen, ein undurchdringlicher Panzer, viele Beine und Antennen – das sind die wesentlichen Merkmale eines Krebses. Mit diesem Bild im Kopf wird der Wurzelkrebs *Peltogasterella gracilis* mit Sicherheit übersehen werden, denn er hat nichts von alledem: keine Extremitäten, so gut wie keine Organe und keine Augen. Er besteht aus fast nichts anderem als einem fädigen Gespinst von einigen Zentimetern Größe, welches an ein Wurzelgeflecht erinnert. Aber selbst mit diesem Wissen ist der Wurzelkrebs, der in japanischen Gewässern lebt, nur schwer zu entdecken. Als Schmarotzer lebt er in vielen seiner Artgenossen – genau genommen ein Krebs im Krebs.

In ihren frühen Lebenstagen schwimmt das Wurzelkrebsweibchen noch als normale Larve mit Sinnesorganen und Gliedmaßen umher, auf der Suche nach einem stattlichen Krebs als zukünftigem Wirt. Sie bohrt sich mit ihrem Kopf in eine seiner Hautfalten hinein und entleert anschließend ihren Körperinhalt in sein Inneres. Ihren restlichen Körper stößt die Larve ab. In Ruhe wächst sie zu einem prächtigen Geflecht aus, wobei alle Organe des Wirtkrebses fein umsponnen werden. Über das Geflecht versorgt sich das Wurzelkrebsweibchen mit allem, was ihr Wirt an Nährstoffen so hergibt. Ihr einziges eigenes Organ, die Eierstöcke, bewahrt sie in einem Brutsack auf. Dieser durchbricht noch einmal die Körperwand und liegt damit sonderbarerweise wieder außerhalb des Wirtes. Der Brutsack ist das Ziel *seiner* Träume. Die männliche Wurzelkrebslarve heftet sich daran und entlässt seinerseits den Körperinhalt. Auch seine leere Hülle bleibt außen vor. Als männlicher Wurzelkrebs parasitiert er nun im Brutsack des parasitierenden Weibchens – der ungewöhnliche Fall eines Krebses im Krebs im Krebs. Für die Befruchtung der Eier bildet er sich dann vollständig zu Samenzellen um und geht völlig in ihr auf. Ist das die vollkommene Realisierung einer romantischen Liebe?

Nebenbei sorgen die Wurzelkrebse für die seltene Form einer parasitären Kastration: Ihre Hormondrüsen schädigen die Hormondrüsen ihrer männlichen Krebswirte. Diese verlieren ihre Fortpflanzungsfähigkeit, die Hoden bilden sich zurück und letztlich sehen sie aus wie Weibchen.

Wer wird denn gleich den Kopf verlieren

Fangschrecken, zu denen die bekannte Gottesanbeterin *Mantis religiosa* zählt, sind Räuber. Sie ernähren sich von allem, was sie überwältigen können. Da sie auch Artgenossen in ihrem Jagdrevier als Beute ansehen, gestaltet sich die Paarung bei «Familie Mantodea» als ein tödliches Abenteuer.

Im Gras oder auf Pflanzen lauert die Fangschrecke ihrer Beute auf. Will ein Fangschreckenmann die Auserwählte beglücken, muss er sich mit größter Vorsicht von hinten an sie heranpirschen. Eine falsche Bewegung und das Objekt seiner Begierde degradiert ihn vorzeitig zu einem willkommenen Festmahl. Wenn er geschickt genug ist, überrumpelt er sie nach oft Stunden dauernder Pirsch von hinten. In dieser Huckepack-Stellung verweilt das Paar häufig sehr lange. Ist das Weibchen schließlich zur Begattung bereit, langt der männliche Anbeter mit seinem Hinterleib seitlich um die Hinterleibsspitze von Frau Mantis. Unter der weiblichen Geschlechtsöffnung verankert er seinen Penis, durch den ein Samenpaket übertragen wird. Dieser Akt dauert mitunter bis zu zweieinhalb Stunden.

Wie so oft im Tierreich hat das Männchen mit der Übertragung des Spermapaketes sein Leben verwirkt. Die Gattin hat nichts anderes im Sinn, als den Vater ihrer befruchteten Eier aufzufressen – schon während der Kopulation. Durch die Bemühungen, beide Geschlechtsöffnungen aneinanderzuführen, gerät das Männchen unglücklicherweise in eine Position, die es dem Weibchen erlaubt, sich noch während des Geschlechtsverkehrs den Kopf als stärkendes Mahl einzuverleiben. Der Akt beziehungsweise dessen Erfolg wird davon nicht in Frage gestellt.

Gottesanbeterinnen haben, wie alle Insekten, ein über den ganzen Körper verteiltes System von Nervenzentren oder kleinen Gehirnen. Das am Kopf sitzende Oberzentrum ist zur Steuerung der Kopulation nicht erforderlich. Die Nervenzentren im Hinterleib steuern das Samenpaket treffsicher ins Ziel. Auch ohne Kopf verläuft bei ihm alles nach Plan. So makaber es klingt, bei einigen Arten aktiviert erst der Verlust des Kopfes den Begattungsvorgang.

Schluss mit lustig

Riesenwanzen, wie *Belostoma grande*, zeigen Größe auch bei ihrer Potenz. Immerhin zehn Zentimeter misst eine ausgewachsene Riesenwanze. Wie alle Wanzen gehört sie zur Ordnung der Heteroptera, was so viel wie «Verschiedenflügler» bedeutet und auf die unterschiedliche Form ihrer Vorder- und Hinterflügel hinweist. Wer schon einmal die unerfreuliche Bekanntschaft mit einer Bettwanze gemacht hat, dem sei gesagt, dass Riesenwanzen eigentlich ganz harmlos sind. Nur Frösche, Molche und Fische sollten sich, auch wenn sie doppelt so groß sind, vor ihnen in Acht nehmen. Sie gehören zu ihren bevorzugten Happen. Das weist auf ihren nassen Lebensraum in den Seen Nordamerikas, Südafrikas und Indiens hin, an den sie sich mit einer am Hinterleib ausstülpbaren Atemröhre optimal angepasst haben.

Dass das Riesenwanzenmännchen ein echtes Protzpaket ist, zeigt auch seine Manneskraft. Bis zu hundertmal hintereinander kopuliert es mit einem Weibchen, ohne dass sein vorstülpbares, schwellfähiges und kompliziert gebautes Begattungsglied versagt oder potenzfördernde Mittelchen potenter Pharmafirmen nötig sind. Ob das Weibchen dabei auch seinen Spaß hat, ist nicht ganz sicher. Jedenfalls scheint sie der Meinung zu sein, dass er nun Pflichten hat. Sie zieht ihn zur Brutpflege und Aufzucht der Kinder zur Verantwortung, was er wohl nicht ganz freiwillig akzeptiert. Nach dem Liebes-Marathon besteigt nun das Weibchen das sich widersetzende Männchen und klebt ihm gut einhundertundfünfzig Eier mit einem wasserunlöslichen Stoff auf die Flügel. Jetzt hat der Mann die Kinder am Hals oder besser auf dem Rücken. Dass das alles andere als spaßig ist, wird daran deutlich, dass er das Zwei- bis Dreifache seines Eigengewichtes zu tragen hat. Er muss aufpassen, nicht unterzugehen und zu ertrinken. Sind die Kleinen aber erst mal groß, kann er, endlich frei, wieder seinen Mann stehen.

Ehebruch mit tödlichen Folgen

Die Folgen eines Seitensprungs sind nicht immer vorhersehbar. Manchmal drohen am Ende Alimente. Beim Blutströpfchen (*Zygaena filipendula*) ist Fremdgehen jedoch immer tödlich. Das passiert, wenn sie es wagen sollten, sich mit einem Partner einer anderen *Zygaena*-Art zu paaren. Glücklicherweise kommt das sehr selten vor, sonst wäre der hübsche Schmetterling schon längst von der Bildfläche verschwunden.

Männliche Blutströpfchen besitzen eine verwickelt gebaute Klammervorrichtung aus Skelettteilen am Ende ihres röhrenförmigen Hinterleibs. Diese Vorrichtung ist das Begattungsorgan der Männchen und ist je nach *Zygaena*-Art anders ausgebildet. Und genau das kann ihnen zum Verhängnis werden: Das Organ des Blutströpfchenmännchens passt perfekt in das des Blutströpfchenweibchens – wie ein Schlüssel zum entsprechenden Schloss. Wird der Schlüssel allerdings in ein falsches Schloss gesteckt – oder anders ausgedrückt, versucht das Männchen ein Weibchen einer anderen *Zygaena*-Art zu begatten –, verhaken sich Schlüssel und Schloss unwiderruflich ineinander. Das Pärchen ist, immerhin kopulierend, zwangsläufig dem Tode geweiht.

Ihren Namen bekamen die Blutströpfchen wegen der tröpfchenartigen, blutroten Färbung der Flügel, die jedem Fressfeind übel schmeckende Körpersäfte anzeigt. Blutströpfchen finden sich im Sommer tagsüber an blühenden Disteln, wo sie träge sitzen und sich die Distelsäfte mit den Beinen schmecken lassen – ihre Geschmackssinne haben Blutströpfchen in den Beinen. Mit den Mundwerkzeugen saugen sie den Nektar auf. Der auf Ordnung bedachte Zoologe reiht das Blutströpfchen übrigens innerhalb der Schmetterlinge in die Gruppe der tagfliegenden Nachtfalter ein.

Mannsweiber

Frauen, die das Sagen haben, sind für manchen männlichen Zeitgenossen immer noch eine schwer erträgliche Vorstellung. In der Gesellschaft der Tüpfelhyänen, *Crocuta crocuta*, hingegen müssen die Männer diesen Tatsachen ins Auge sehen. Selbst das schwächste Weibchen steht immer noch über dem stärksten Mann im Rudel. Und nicht einmal ein angeblicher Freud'scher Penisneid könnte ihnen Komplexe bereiten: Die Klitoris der weiblichen Tüpfelhyäne ist so groß wie der Penis der Männer. Sogar eine Erektion ist ihr damit möglich. Neben den zusammengewachsenen Schamlippen hat sie zudem zwei mit Fett gefüllte Beutel ausgebildet, die den Hoden der Männer zum Verwechseln ähnlich sind. Deswegen wurden Hyänen früher auch für Zwitter gehalten, und auch heute können selbst Experten Mann und Frau unter den Tüpfelhyänen kaum auseinanderhalten.

Die Tüpfelhyäne, die trotz ihres Aussehens eher den Katzen als den Hunden nahesteht, genießt seit ihrem Auftritt in «Brehms Tierleben» keinen guten Ruf. Feige Aasfresser, die den Löwen ihre Beute streitig machen und dabei mit Schadenfreude vor sich hin kichern. Tatsächlich aber jagen Hyänen, die in der Savanne Afrikas in Rudeln von bis zu einhundert Individuen zusammenleben, ihre Beute fast immer selbst – an der sich dann oft der Löwe aus Bequemlichkeit sättigt. Von dem, was übrig bleibt, muss das ganze Rudel satt werden. Ganze Gnus werden

144

in wenigen Minuten nicht bis auf die, sondern mitsamt den Knochen verschlungen. Selbst diese können sie mit ihren kräftigen Kiefern zermalmen. Kein Wunder, dass es bei diesem Gelage heftig zugeht. Das stärkste und aggressivste Hyänenweib bekommt die besten Stücke.

Besteht ein Zusammenhang zwischen dieser Geschlechterhierachie und den vermännlichten Geschlechtsorganen der Hyänenweibchen? Darüber streiten die Gelehrten schon seit Aristoteles. In der Tat spielt die Aggressivität der Weibchen eine zentrale Rolle im Sozialgefüge der Hyänen. Die Rudelanführerin ist die Aggressivste unter allen. Die Rangordnung wird unter Hyänen über Generationen weitervererbt. Auch die Töchter der Herrin sollen später das Sagen haben. Dafür erhält der Nachwuchs noch als Embryo eine erhöhte Dosis an männlichen Hormonen. Kaum auf der Welt, verbeißen sich die Geschwister schon ineinander und streiten um ihren Führungsanspruch. Die aggressiveren und damit auch besser genährten unter den Hyänenmüttern können ihrem Nachwuchs die notwendige höhere Hormondosis für spätere Machtkämpfe mit auf den Weg geben. Möglicherweise führt der erhöhte Spiegel männlicher Hormone im Mutterleib zur Ausbildung mannsähnlicher Genitalien unter den weiblichen Föten.

Doch die weibliche Dominanz wird teuer erkauft. Nicht nur die Ausbildung ihrer Genitalien, auch der Geburtskanal unterliegt im Vergleich zu anderen Säugetieren erheblichen Veränderungen. Die Jungen gelangen nicht, wie bei anderen Säugetieren, auf dem direkten Weg aus der Gebärmutter ins Freie, sondern sie müssen sich durch einen Geburtskanal, der eine scharfe Biegung macht, und durch die enge Klitoris quetschen. Wahrscheinlich unter großen Schmerzen zerreißt die Klitoris bei der ersten Geburt, die für Mutter und Kind oft tödlich verläuft. Da die Nabelschnur kürzer als der Geburtskanal ist, reißt

sie nicht selten während der Geburt; dann bleibt das Hyänen-
baby im Geburtskanal stecken und erstickt.

Wahrscheinlich liegen Hyänenmänner ja gar nicht so falsch,
in dieser Gesellschaft nur in der zweiten Reihe zu stehen.

Cunnilingus

Das Geschlechtssystem einer Schnecke kann verwirrend sein. Gerade dann, wenn, wie bei den meisten Schnecken, beide Geschlechter in einer Schnecke vereint sind. Da gibt es Zwitterdrüsen, Ei- und Samenleiter, gemeinsam oder getrennt, Geschlechtsöffnungen, Eiweißdrüsen, Penes, Liebespfeile, Samentaschen, Samenspeicher, Samenrinnen, Zwittergänge, Vaginae, Pfeilsäcke, fingerförmige Drüsen, Befruchtungstaschen, Prostatae, Schließmuskeln und anderes. Da hat vielleicht auch *Sapha amicorum* etwas den Überblick verloren – die männlichen Begattungsorgane sind im Mund gelandet.

Die kleine Schnecke, die kaum größer als einen Millimeter wird, ist im Roten Meer heimisch und hält sich dort gerne im Korallensand auf. Sie gehört zur Ordnung der Kopfschildschnecken, was auf die schildartige Verbreiterung des Kopfes hinweist. Diese befähigt sie, sich auf der Suche nach Nahrung wie ein Schneepflug durch Schlick und Sand zu wühlen. Üblicherweise haben Kopfschildschnecken eine Schale. Doch auch hier scheint *Sapha amicorum* etwas nicht mitbekommen zu haben. Sie ist ganz nackt. Dazu ist sie recht unscheinbar, und erst ihre inneren Werte offenbaren einige Eigentümlichkeiten. Eine Zwitterdrüse produziert sowohl Eier als auch den Samen. Über einen gemeinsamen Ei- und Samenleiter gelangt beides an der rechten Körperseite nach außen. Der Samen wird dort von einer bewimperten Samenrinne nach vorne getragen und gelangt über den Mund in die Samenblase. Ein kräftiger Schließmuskel verhindert, dass der Samen gleich wieder entkommt. Er wird so lange zurückgehalten, bis eine andere *Sapha*-Schnecke im Sand über den Weg gekrochen kommt. Da ja alle *Saphas* Zwitter sind, kann es die Nächstbeste sein. Die hat eine Vagina auf der Bauchunterseite, und der Samen kann mit dem im Mund liegenden Begattungsorgan in die weibliche Geschlechtsöffnung ejakuliert werden.

Der Baggerkönig

E nallagma cyathigerum ist eine Li-
belle – und eine ziemlich
schöne dazu. Nicht umsonst
wird sie, die vom Nordkap bis zum Mittelmeer heimisch ist,
Becher-Azurjungfer genannt. Der Körper des Männchens hat
eine leuchtend azurblaue Grundfärbung, die hier und da mit
dunkler Zeichnung durchsetzt ist. Dazu kommen seine blauen
Augen. Frauen dagegen fliegen eher bräunlich grün daher.

Libellenmänner haben keinen Penis. Im Laufe der Evolution
entwickelten sie einen alternativen Apparat, mit dem es sich
auch gut kopulieren lässt. Das Männchen kann Sperma damit
nicht nur in das Weibchen einführen, sondern ebenso wieder
entfernen. Das Weibchen lagert das Sperma nach der Begattung
erst einmal kurz zwischen, in einem speziellen Spermabehälter.
Das ist die Chance für das nachfolgende Männchen. Es schau-
felt mit seinem Begattungsapparat das Sperma seines Vorgängers wie mit einem Greifbagger heraus, bevor er sein eigenes
wirksam platziert. Jetzt muss der Raubritter der Liebe nur noch
aufpassen, dass nicht noch ein Dritter daherfliegt und ihn auf
dieselbe Art und Weise hintergeht wie er seinen Vorgänger.

Sind die Eier befruchtet, was erst ganz kurz vor der Eiablage
geschieht, steigt das Weibchen gerne an Pflanzenstängeln kopfüber unter Wasser. Vielleicht will sie endlich ihre Ruhe vor den
Männchen haben. Die sind nämlich wasserscheu.

Gleichgeschlechtliche Liebe mit Kindersegen

N ach unserem Verständnis gehören zur Erfüllung eines
Kinderwunsches immer zwei, eine Frau und ein Mann
– oder abstrakter betrachtet, eine Eizelle und eine
Samenzelle. Die Rennechsen *Cnemidophorus uniparens* verwirklichen
sich ihren Kinderwunsch auch zu zweit, allerdings gibt es keine
Männer unter ihnen.

Die in Amerika beheimatete Echse ist eine der wenigen höher
entwickelten Tiere mit nur einem, dem weiblichen Geschlecht.
Sie sind wohlproportioniert, langbeinig und -schwänzig bei
einer Größe von etwa fünfundzwanzig Zentimetern. Blitzschnell
bewegen sie sich mit häufigen Richtungswechseln über den Boden. Selbst wenn sie sich nicht fortbewegen, laufen sie auf der
Stelle, als könnten sie die Absicht zu laufen nicht unterdrücken.
In besonders kritischen Situationen fliehen sie sogar zweibeinig
auf ihren Hinterläufen.

Um Kinder zu bekommen, gibt es für Rennechsen nur die
Möglichkeit der Jungfernzeugung. Dafür bedarf es jedoch erst
der richtigen Hormone. Hier hilft die Pseudokopulation, ein
Liebesspiel, bei dem eine Partnerin vorgibt, ein Mann zu sein.
Er, also sie, beißt sich dabei in eine Hautfalte am Rücken der
Partnerin fest und besteigt sie von hinten mit dem Ziel, beide
Geschlechtsöffnungen aneinanderzudrücken. Schließlich rollt
sich die «männliche» Echse ringförmig um den Lendenbereich
der Partnerin. Nach einigen Tagen legt sie ihre unbefruchteten

Eier, aus denen wenig später kleine Rennechsen schlüpfen – alles Mädchen natürlich.

Der bei der Pseudokopulation entstehende, eigenartig aussehende Echsenring ist durch einen möglicherweise hungrigen amerikanischen Biologen auch als Doughnut-Kopulation in die Literatur eingegangen.

Hauptsache jung

Wenn sich eine reife Frau einen jungen Mann angelt, sorgt das schnell für Gesprächsstoff. Bei der Lassospinne (*Mastophora cornigera*) interessiert das keine Spinne. Die Weibchen paaren sich nämlich grundsätzlich nur mit jungen Männern, die ihre Kinder sein könnten.

Was macht die reifen Lassospinnen-Damen für die jungen Kerle so attraktiv? Die Jungen sind sofort nach dem Schlüpfen geschlechtsreif und für Abenteuer zu haben. Ihre gleichaltrigen Schwestern dagegen müssen der Kinderstube erst noch entwachsen. Bevor sie geschlechtsreif werden, häuten sie sich mehrfach. Erst nach einem Jahr und bei einer Größe von einem Zentimeter gehen sie auf Männerfang. So kommen für die frisch geschlüpften Jungen in Liebesdingen nur reife Frauen aus der Müttergeneration in Frage, die um ein Fünffaches größer sind.

Obwohl die Lassospinne zu den Radnetzspinnen gehört, spinnt sie gar kein Radnetz. Nur ein einziger, fünf Zentimeter langer Faden wird zwischen den Krallen der Vorderbeine gehalten. Ein daran hängender Leimtropfen wird vorbeifliegenden Insekten zielsicher entgegengeschleudert, die so ihrem Schicksal auf den Leim gehen. Wegen dieser Fangmethode bekam die Lassospinne ihren Namen. Da wundert es nicht, dass sie aus Amerika kommt.

Ob sich die ersten Cowboys in Amerika den Leimfaden der

Lassospinne zunutze machten, um Pferde zu fangen, ist anzuzweifeln. Fest steht aber, dass die Bewohner mancher Südseeinseln die Radnetze der Seidenspinne *Nephila* nutzen, um damit Fische zu fangen.

Immer der Nase nach?

Dem Geruchssinn kommt eine entscheidende Bedeutung bei der Suche nach dem richtigen Partner zu. *Phocaena phocaena* wartet in diesem Zusammenhang mit einer ganz besonderen Eigenart auf. Das Tier erhielt aufgrund seines ehemals häufigen Vorkommens an deutschen Küsten eine Vielzahl von einprägsamen Namen: Meerschwein, nicht zu verwechseln mit dem Meerschweinchen, Kleiner Tümmler, nicht zu verwechseln mit dem Großen Tümmler oder Delphin, Saufisch, Schweinsfisch, Tummelschwein oder auch Schweinswal. Belassen wir es beim Schweinswal. Er gehört zu den Meeressäugern und im Besonderen zu den Waltieren, hier jedoch zu den kleinsten Vertretern. Was das Schwein im Namen zu suchen hat, scheint Forschern und Historikern nicht ganz klar zu sein. Vielleicht ist es die angeblich schweineähnliche Zunge, das angeblich schweineähnliche Auge oder das angeblich schweineähnliche Aussehen durch ihre dicke Speckschicht? Tatsächlich haben Schweinswale einen pummeligen, gedrungenen Körper, oben schwarz und unten weiß.

Riechen können Schweinswale eigentlich nicht besonders gut, zumindest nicht mit der zum Blasloch umgewandelten Nase. Stattdessen schnüffelt das Männchen mit seinem Penis. An seiner Spitze finden sich Sinnesnerven, die auf bestimmte Gerüche reagieren. Die kommen natürlich aus der Vagina des Weibchens. So erschnüffelt der Penis während der Paarung seinen Bestimmungsort und findet ihn quasi von allein. Das Männchen braucht seine ganze Aufmerksamkeit nämlich indessen für die wirklich wichtigen Dinge während des Aktes im Wasser: um nicht unterzugehen.

Wer glaubt, schnuppernde Fortpflanzungsorgane beim Mann sind etwas Besonderes, der kennt den Schmetterling Japanischer Schwalbenschwanz (*Papilio xuthus*) nicht. Sein Organ *sieht*, wo es langgeht.

Faulheit siegt?

Wird ein ausgeprägter Hang zur Fettleibigkeit und Trägheit auch noch mit Schäferstündchen belohnt? Beobachtet man das Leben einiger Damara-Graumulle (*Cryptomys damarensis*), muss man fast den Eindruck gewinnen.

Damara-Graumulle leben nur in Afrika südlich der Sahara, gehören zur Familie der Sandgräber und werden den Nagetieren zugeordnet, was sich auch an ihren sehr langen Nagezähnen erkennen lässt. Augen und Ohren dagegen haben sich weitestgehend zurückentwickelt. Mit den Zähnen graben sie unter der Erde Tunnelsysteme, in denen sie in einer für Säugetiere einmaligen und eigentümlichen Gemeinschaft leben. Ihre Gesellschaft erinnert an die von staatenbildenden Insekten wie Ameisen oder Bienen: Sie leben in Kolonien mit einer Königin, die sich hin und wieder mit ein oder zwei Männern paart. Bei allen anderen ist die Libido durch Hormonausdünstungen der Königin unterdrückt und sie müssen schuften: Tunnel graben und Nahrung heranschaffen. Allerdings gibt es unter den Arbeitern auch einige Müßiggänger. Sie tragen so gut wie nichts zum Gemeinwohl bei. Im Gegenteil, sie liegen die meiste Zeit faul in den Gängen herum und fordern sogar mehr Futter für sich als die fleißigen Artgenossen. Das bleibt nicht ohne Folgen! Mit der Zeit futtern sie sich ein ansehnliches Fettpolster an. Allein die Aussicht auf Sex bringt sie auf Trab. Ist das jetzt die Moral der Geschichte? «Undank ist der Welt Lohn» für die Fleißigen und Sex die Belohnung für die Faulen?

Das wäre so, wenn die Geschichte hier zu Ende wäre und es im südlichen Afrika nicht hin und wieder auch mal regnen würde. Der Regen weicht den extrem harten Boden auf, der es unter gewöhnlichen Umständen den Graumullen verwehrt, weit ausgedehnte Tunnelsysteme zu graben und so vielleicht Kontakt zu anderen Kolonien von Graumullen zu bekommen. Der Regen ist auch das Signal für die Dicken. Sie entwickeln plötzlich ungeahnte Kräfte und graben in kürzester Zeit – der Boden trocknet schnell – neue Gänge, um auszuwandern. Die angefressenen Energiereserven werden jetzt dringend gebraucht. Das Ziel ist die Gründung neuer Kolonien mit Partnern, die sich ebenfalls aus anderen Kolonien weggebuddelt haben.

So trägt letztendlich die selbstlose Tat der Fleißigen, die Trägen durchzufüttern, zur langfristigen Arterhaltung und Verbreitung der Graumulle bei.

Selbst ist der Wurm

W ie pflanzt man sich fort, wenn gerade kein Paarungspartner in Sicht ist oder man die in Frage kommenden nicht riechen kann? Kein Problem für *Eisenia foe-
tida*, den Mistwurm. Da er als Zwitter weibliche und männliche
Geschlechtsorgane in sich hat, befruchtet er sich einfach selbst.

Im Grunde ist unter der Erde immer eine Menge los. So wurden auf einem Hektar Wiese schon bis zu zwanzig Millionen Regenwürmer, zu denen auch der Mistwurm gehört, geschätzt. Sie
spielen eine wesentliche Rolle bei der Durchlüftung des Bodens
und der Humusbildung. Schon Darwin erkannte die besondere
Rolle der Regenwürmer für die Archäologie. Durch ihre be-
ständige Wühltätigkeit lassen Regenwürmer über die Jahrhunderte Stück für Stück ganze Städte im Erdboden versinken.
Ohne Regenwürmer hätten Archäologen wenig zu graben und
die Menschheit wäre um eine Vielzahl von antiken Kulturdenk-
mälern ärmer.

Noch lieber als unter der Erde hält sich der Mistwurm im
Kompost oder in Düngehaufen auf, was ihm seinen deutschen
Namen eintrug. Ob der Mistwurm dabei den Geruch des Kom-
posthaufens annimmt oder selbst etwas streng riecht, bleibe dahingestellt, sein wissenschaftlicher Artname lateinischen Ursprungs ist aber ganz deutlich: der Stinkende.

Sollte das jetzt der Grund sein, warum Mistwürmer hin und
wieder mit sich selbst kopulieren? Den Forschern ist das noch

nicht ganz klar. Wie auch immer, für den Autosex bedarf es einiger akrobatischer Verrenkungen. Eine Befruchtung, bei der der Samen aus der männlichen direkt in die weibliche Geschlechtsöffnung übertragen wird, ist den Regenwürmern unbekannt. Der Samen der Regenwürmer nimmt einen Umweg von der männlichen Geschlechtsöffnung über eine Samenrinne zu den Samentaschen. Öffnung und Taschen befinden sich aber in unterschiedlichen Körpersegmenten des Wurms. Also faltet sich der Mistwurm zusammen. Ein besonderer Gürtel des Mistwurms, der nach der Faltung direkt gegenüber der Samenöffnung liegt, hilft mit Schleimabsonderungen, die gegenüberliegenden Teile zu verkleben. Der Schleim bereitet auch den Weg über die Samenrinne zu den Taschen. Jetzt endlich können seine Säfte fließen.

Damit die Eier befruchtet werden, müssen sie mit Hilfe eines weiteren Schleimrings von der weiter hinten liegenden weiblichen Geschlechtsöffnung zu den vorne liegenden Samentaschen gebracht werden, wo sie von den darin enthaltenen Samen befruchtet werden. Dafür schiebt sich der Wurm rückwärts aus seinem Ring heraus – eine Technik, die alle Regenwürmer beherrschen.

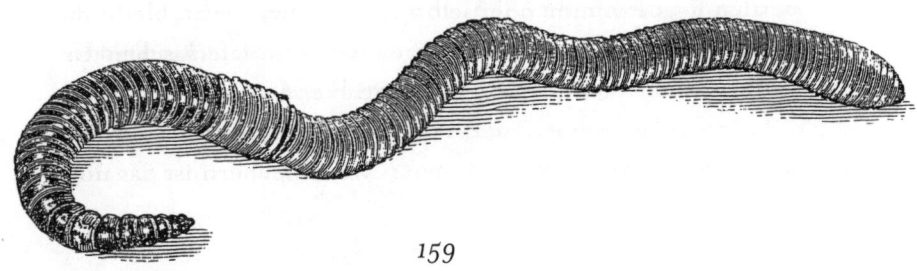

Damenwahl

enau genommen haben Männer überhaupt keine Wahl, vielleicht von der Aufforderung zum Tanz einmal abgesehen. Wer glaubt, die zukünftige Mutter seiner Kinder bestimmen zu können, hat die Rechnung ohne sie gemacht. Und wer glaubt, mit einer Liebesnacht Tatsachen zu schaffen, weiß wenig um die Möglichkeiten einer Frau, dem Spermium des einen oder anderen Mannes den Vorzug zu geben, ihre Eizellen zu befruchten. Und wer denkt, mit der Befruchtung, also dem Eindringen seines Spermiums in die Eizelle, nun endlich die Gewissheit zu haben, dass der eigene Nachwuchs gesichert ist, sollte einen Blick auf *Beroe ovata*, die Melonenqualle, werfen. Hier schaut sich der weibliche Zellkern im Ei die eingedrungenen Spermien zunächst einmal genau an, bevor er sich für eines entscheidet. Erst dann vereinigt sich der Zellkern mit dem Richtigen, was die weitere Embryonalentwicklung in die Wege leitet.

Die Melonenqualle, die mit einer Größe von bis zu fünfzehn Zentimetern wie ein großer, plattgedrückter Fingerhut aussieht, gehört zum Stamm der Rippenquallen. Auch wenn die meisten Rippenquallen Ähnlichkeiten mit den vielen als unangenehm bekannten Nesselquallen haben, so unterscheidet doch beide Quallenstämme mehr, als sie verbindet. Ein wesentlicher Unterschied ist: Rippenquallen sind für die meisten ganz harmlos. Sie haben keine Nesseln, deren Gift bei manchen Quallen sogar für Menschen tödlich sein kann. Weiterhin haben Rippen-quallen mehrere Reihen von Wimpernplättchen, die ähnlich Rippen einer Melone über den Körper verteilt sind und den Quallen ihren übergreifenden Namen gaben. Der Schlag der Plättchen ermöglicht es den Rippenquallen, sich durch das Meer zu bewegen, und manchmal bezaubern die Plättchen dabei mit farbigen Interferenzlichtern. Die Melonenqualle ist darüber hinaus bekannt für ihre Leuchtkraft in dunklen Nächten, die sogar zum Lesen dieses Buches ausreichen soll.

Melonenquallen produzieren als Zwitter unter ihren Rippen sowohl Ei- als auch Samenzellen, die über spezielle Poren, die Spermiengänge und Gonoporen, ins Wasser ausgestoßen werden. Dort befruchtet das Sperma einer Qualle die Eizellen einer anderen. Häufig dringen mehrere Spermazellen von verschiedenen Melonenquallen in die Eizellen ein. Die Schwänze der Spermazellen hören auf zu schlagen, und eine Hülle, die sie kurz darauf umgibt, macht es ihnen unmöglich, sich weiter durch die Eizelle zu bewegen. Dafür geht der Kern der Eizelle, in dem sich das weibliche Erbgut befindet, auf Wanderschaft und nähert sich den eingepackten Spermien. Sie prüft hier und sie prüft da. Schließlich vereinigt sie sich mit einer Samenzelle. Mehr als eine Stunde braucht der weibliche Kern für die finale Entscheidung.

Melonenquallen versetzen uns noch mit einer weiteren Besonderheit in Staunen: der Dissogonie. Sie gehören zu den ganz wenigen Lebewesen, die zweimal geschlechtsreif werden. Schon kurz nach dem Ausschlüpfen aus dem Ei produzieren sie das erste Mal Samen und kleine Eizellen. Danach werden Hoden und Eierstöcke zurückgebildet. Die Rippenqualle wächst zur vollen Größe heran, um dann erwachsen ein zweites Mal geschlechtsreif zu werden.

Musikantendödl

st es nicht einer der schönsten Liebesbeweise, seinem Partner ein Ständchen zu bringen? Das Männchen von *Olceclostera
seraphica*, einer texanischen Motte, hat diese Kunst mit einer
pikanten Note perfektioniert: Er bläst ihr den Marsch mit seinem Geschlechtsorgan.

Die Motte gehört zur Familie der Seidenspinner, die weniger
durch ihre musischen Begabungen als durch Seidenstoffe be-
kannt sind. Die Raupen der Seidenspinner wickeln sich zur
Verpuppung mit Hilfe ihrer Seidendrüsen in Seidenfäden ein.
Die Fäden bestehen aus komplexen Eiweißkörpern, die eine
Länge von bis zu drei Kilometern haben. Schon die Chinesen
haben vor gut dreitausend Jahren erkannt, dass sich aus den
Kokons der Seidenspinner herrliche Stoffe produzieren lassen.
Noch viel früher aber wurden aus den Seidenfäden Angel-
schnüre und auch Saiten für Musikinstrumente gefertigt.

Womit wir wieder beim Thema wären. Teile des Geschlechts-
organs der männlichen Motte *Olceclostera* ermöglicht es ihr, Ge-
räusche zu erzeugen. Die für Motten vielleicht lieblichen Klänge
sollen wohl die Weibchen in Entzücken versetzen und ihre Lust
wecken. Das Problem ist nur: Die Mädels sind taub! Sie haben
überhaupt keine Ohren oder sonstigen Hörorgane, mit denen
sie den Genitalklangkünstlern lauschen können. Sind etwa alle
Bemühungen umsonst? Freunde basslastiger Musik wissen, dass
diese auch über Vibrationen gefühlt werden kann. Das ist die

Rettung der männlichen Motte. Wenn sie aufspielt, hält sie den genitalen Klangkörper an die Genitalregion des Weibchens, die durch die Vibrationen, wie erhofft, stimuliert wird. Im Duett streben nun beide dem Höhepunkt entgegen.

Tuntenfisch

Recht bunt und schrill geht es in einer Travestieshow zu. Dass die Darsteller mit diesem Verkleidungsspiel im Sinn haben, Zuschauer weiblichen Geschlechts zu begatten, wäre, gelinde gesagt, unerhört!

Darauf allerdings sollten die Damen bei *Sepia apama*, dem Australischen Riesentintenfisch, gefasst sein. Unter ihnen verkleiden sich bestimmte Herren als Tintenfischweibchen, um sich zu paaren. Das jedoch weniger, um den Damen zu gefallen, sondern um sich am stärkeren Rivalen, welcher das Weibchen bewacht, vorbeizumogeln.

Australische Riesentintenfische treffen sich einmal im Jahr zwischen April und Juli vor der Südküste zur Paarung. Zu Abertausenden kommen sie zusammen, und so lassen sich dort wilde Orgien beobachten. Denn weibliche Riesentintenfische sind nicht nur an einem Partner interessiert – und zum Glück für sie gibt es auch noch einen massiven Männerüberschuss. Oft müssen sich bis zu elf Männer um ein Weibchen streiten. Kein Wunder, dass kleine Riesen da nicht viel zu melden haben. Eifersüchtig bewachen die Größten ihre Bräute und lassen keinen anderen ran. Was tun?

Manche unter den Benachteiligten versuchen, ganz beiläufig an ein bewachtes Weibchen heranzuschwimmen. Muss der Bewacher gerade einen anderen Rivalen verscheuchen, so kann diese Taktik Erfolg haben.

Gerne werden auch heimliche Verabredungen getroffen. So kommt man sich in dunklen Ecken unter Steinen oder Felsen näher, in der Hoffnung, nicht erwischt zu werden.

Formvollendet dagegen ist die Strategie einiger, sich als Weibchen zu verkleiden. Dazu verstecken sie ihren vierten Arm, der sie als Männchen ausweist, nehmen das für Weibchen typische gesprenkelte Hautmuster an und ahmen die weibliche Körperhaltung zur Eiablage nach. So getarnt, können sie sich nun unbehelligt den bewachten Weibchen nähern. Mit ihrem Begattungsarm, dem Hectocotylus – Tintenfische haben keinen Penis –, übertragen sie eine Spermienbombe. Diese auch Spermatophore genannte Bombe entleert bei Kontakt mit bestimmten weiblichen Drüsenabsonderungen das Sperma explosionsartig im Weibchen. Mission erfolgreich erledigt.

Manchmal jedoch ist die Verwandlung und Täuschung zu perfekt. So passiert es hin und wieder, dass das maskierte Männchen von Kollegen angemacht wird. Es soll auch vorkommen, dass ein als Weibchen getarntes Männchen ein weiteres als Weibchen getarntes Männchen besamen will. Kurz gesagt: Der Täuscher wird vom Täuscher getäuscht.

Schnick, Schnack, Schnuck

Was wird nicht alles versucht, um seine Konkurrenten auszustechen, Erfolg bei den Frauen zu haben und seine Gene in die nächste Generation zu tragen? Und für gewöhnlich gewinnt der Schlauere oder Stärkere. Bei den männlichen Seitenfleckenleguanen, *Uta stansburiana*, hat man allerdings eher den Eindruck, dass die Fortpflanzung ein großes Spiel ist und nicht der Ernst des Lebens. Und bei diesem Spiel gibt es auf Dauer keine Sieger.

Unter den Seitenfleckenleguanen gibt es drei Typen Männer, die sich anhand ihrer Färbungen an der Halsunterseite unterscheiden lassen: die orangefarbenen Schnicks, die blauen Schnacks und die gelben Schnucks. Die Orangefarbenen setzen den Blauen Hörner auf, die Blauen tun dies ihrerseits mit den Gelben und die Gelben wiederum mit den Orangefarbenen.

Dieses bunte Treiben lässt sich genauer in den Trockengebieten der westlichen USA beobachten, wo der Seitenfleckenleguan als eines der häufigsten Reptilien gilt. Ihren eigentlichen Namen verdanken die etwa zehn Zentimeter kleinen Leguane einem deutlichen Fleck an der Körperseite. Welche Krawattenfarbe, ob orange, blau oder gelb, die Männer zu ihrem Fleck tragen, ist den Weibchen ziemlich egal. Daher verfolgt jeder Männertyp seine eigene Strategie, um sich an die Weibchen heranzumachen. Die orangefarbenen Männchen sind sehr aggressiv. Sie beanspruchen ein großes Revier, spannen anderen die

Weibchen aus und vertreiben alle Männchen, die ihnen in die Quere kommen. So haben die Schürzenjäger freie Wahl unter mehreren Weibchen. Die blauen Männchen dagegen sind bescheidener. Ein Weibchen ist ihnen genug. Das allerdings wird eifersüchtig bewacht. Und die Gelben? Die verstecken sich und passen auf, wo sich eine günstige Gelegenheit bietet. Und die kommt schnell – bei einem Orangefarbenen, der nicht alle seine Gespielinnen im Auge haben kann, wenn er gerade mit einer rummacht. Bei den Blauen hat der Gelbe allerdings keine Chance. Sofort wird er verscheucht, wenn er sich der Einzigen nähert. Das gelingt dem Blauen aber nur bei den Gelben. Taucht ein aggressiver Orangefarbener auf, muss er das Weite und sich eine neue Herzensdame suchen.

Letztendlich aber wird sich keiner dieser Typen durchsetzen. Hat tatsächlich einer mal die Oberhand, sieht das in den nächsten Jahren schon wieder ganz anders aus. Lohnen sich denn dann die ganze Mühe und der Aufwand? Aber vielleicht ist ja alles doch nur ein großes Spiel.

Mbalolo

en Bewohnern der südpazifischen Insel Samoa läuft beim Wort «Mbalolo» das Wasser im Munde zusammen. Immer im November, genau zwei Tage nach dem dritten Mondviertel, wenige Stunden nach Mitternacht, kommt *Mbalolo levu* – die große Palolozeit. Dann nämlich finden sich Millionen von wimmelnden Genitalsegmenten von *Eunice viridis* an der Oberfläche des Meeres. *Eunice viridis* wird von den Samoanern Mbalolo und von uns (vielleicht der schwierigen Aussprache des einheimischen Namens wegen) Palolowurm genannt.

Palolowürmer gehören zu den Ringelwürmern und sind damit enge Verwandte der bekannten Regenwürmer. Palolowürmer sind unter Forschern bekannt für ihre Schönheit, die ihnen die wissenschaftliche Bezeichnung Eunice, nach der Tochter des römischen Meergottes Nereus, einbrachte. Ihr leuchtend grünes bis blaues, vierzig Zentimeter langes Äußeres zeigen sie in ausgehöhlten und gewundenen Gängen von Korallenriffen im Pazifischen Ozean, die sie in riesiger Zahl bevölkern. Mehrere Wochen vor besagtem Mondtermin entwickeln sich im hinteren Körperabschnitt der Palolowürmer die Spermien beziehungsweise Eizellen. In der Schwärmnacht trennen sich die Würmer von ihren Genitalsegmenten. Diese schwärmen – prall gefüllt mit Sperma oder Eizellen – eigenständig und in millionenfacher Zahl hoch zur Wasseroberfläche, wo sie platzen und die frei gewordenen Spermien die Eier befruchten.

Manchmal bedecken wimmelnde Palolo-Körperhälften me-
terdick das Meer, das dann mehr fest als flüssig erscheint. Sehn-
süchtig und Feste feiernd, erwarten die Samoaner diese Orgie.
Sie schöpfen die Genitalmassen mit Körben aus dem Meer und
essen sie während eines ausgedehnten Festschmauses roh oder
gebacken. Der fast minutiöse Ablauf dieses jährlich einmaligen
Paarungsspiels zeigt den Samoanern auch den Beginn ihres
neuen Jahres an.

Wie es früher war

hm ist nicht beizukommen: *Lepisma saccharina* findet sich im Bad und in der Küche, unter alten Tapeten, in Papier, Mehl und Zucker. «Zuckergast» wird es manchmal genannt. Doch viel bekannter ist es als Silberfischchen. Sein silbern glänzendes Schuppenkleid reflektiert das Licht. Trotz Fischchen und Schuppen ist es natürlich kein Fisch, sondern ein sogenanntes Urinsekt. Ein Tier also aus der grauen Vorzeit der Evolution. Aus der Dämmerung des Lebens haben Silberfischchen ein recht eigentümliches Geschlechtsverhalten mitgebracht.

In einem flotten Laufspiel berührt das Männchen immer wieder das Weibchen und testet, ob sie willig ist. Wenn sie sich näherkommen, wird geköpfelt. Das heißt, sie betrillern sich mit ihren Fühlern. Das erregte Männchen sollte nun das Weibchen mit seinem Penis begatten. Doch weit gefehlt – früher war alles anders. Er spinnt mit seinem Penis – wer kann das heute noch – Fäden über den Boden, an die er seine Samenpakete klebt. Bleibt nun das Weibchen mit ihrem Hinterleib an einem dieser Fäden hängen, so hält sie, wie vom Blitz getroffen, an. Sie senkt ihren Hinterleib, sucht mit ihrer Geschlechtsöffnung das Paket und nimmt es auf. Aus den befruchteten Eiern schlüpft die nachfolgende Generation etwa zwei Monate später und kriecht aus Spalten und Ritzen.

Möglicherweise hängt das Paarungsverhalten der Silberfischchen mit dem Übergang vom Leben im Wasser auf das Land zusammen. Die Vorfahren der Silberfischchen lebten im Wasser und gaben einfach ihren Samen ins Wasser ab. Wenn ein Weibchen dem Samen nahe kam, wurden ihre Eier befruchtet. An Land jedoch trocknet der Samen schnell ein. So entwickelten die Silberfischchen ihre Laufspiele. Sie köpfeln und ziehen Fäden, um den Samen schnell zu übertragen und vor Austrocknung zu schützen. Auf die Idee, den Samen mit dem Penis gleich direkt in das Weibchen einzuführen, scheinen die Silberfischchen damals wie heute nicht gekommen zu sein.

Es geht auch ohne

Sollen die ganzen Mühen und Freuden etwa umsonst sein? Wilde Sexpraktiken und Partys, die manchmal lebenslange und vergebliche Suche nach einem Partner, die komplizierten Apparaturen, um Körpersäfte auszutauschen, die hinterlistigen Strategien, unliebsame Konkurrenten aus dem Weg zu räumen, die Gegenstrategien, um trotzdem Nachwuchs zu zeugen, die oft sonderbaren Tricks, sein Gspusi überhaupt in Stimmung zu bringen, oder die manchmal wahrhaft todesmutigen Versuche, einem Partner nahezukommen? Alles überflüssig? Wirft man einen Blick auf *Philodina roseola*, ein Rädertierchen, so muss man in der Tat den Eindruck bekommen.

Philodina pflanzt sich ungeschlechtlich fort. Nun kann man einwenden, dass das nichts Neues und schon gar nichts Ungewöhnliches ist. Man kennt das ja von Blattläusen, Fischen, Eidechsen und anderem Getier. Doch oft ist die rein ungeschlechtliche Fortpflanzung gar nicht so ungeschlechtlich. Denn heimlich lieben einige Tiere einander dennoch. Oder die Phasen, in denen die Lebewesen sich geschlechtlich oder ungeschlechtlich vermehren, wechseln einander ab. Oder die Tage derjenigen, die in absoluter sexueller Askese leben, sind – nach zeitlichen Maßstäben der Evolution – schnell gezählt. Sie landen in der evolutionären Sackgasse und sterben aus. Und *Philodina?* Sie übt sich schon seit über fünfunddreißig Millionen Jahren in Enthaltsamkeit und klont sich seitdem in Hunderten von Millionen Generationen. Ein Skandal! Worin liegt das Geheimnis der schon fast ewig andauernden Jungfräulichkeit von *Philodina*? Kurz gesagt, es ist vielleicht ihre einmalige Fähigkeit zur Reise durch Zeit und Raum.

Philodina roseola zählt zur Klasse der Rädertiere, welche dem recht uneinheitlichen Stamm der Schlauchwürmer angehören. Rädertiere sind die winzigsten bekannten mehrzelligen Tiere, und *Philodina* wird kaum größer als einen halben Millimeter. Erst die stärkeren Mikroskope des neunzehnten Jahrhunderts trugen zu weiteren Erkenntnissen und auch zur Namensgebung bei. So haben alle Rädertiere winzige Scheiben am Kopf, die mit Wimpern bedeckt sind und deren Schläge den Eindruck von sich drehenden Rädern erwecken. Sie dienen der Fortbewegung oder dem Herbeistrudeln von Nahrung. Daher bedeutet auch der lateinische Name von *Philodina* so viel wie «Liebhaberin des Strudels». Rädertiere finden sich auf der ganzen Welt, in Polargebieten oder auch als erste Bewohner auf gerade erloschenen Vulkaninseln. *Philodina* hat sich auf Moose, Flechten, feuchte Böden und mittlerweile auch Dachrinnen spezialisiert, wo sie ihren äußerst tugendhaften Lebenswandel pflegt.

Doch hin und wieder, wenn das Wasser knapp wird, trocknet *Philodina* aus und sie wird vom Wind fortgeweht. Ihre Reise durch Zeit und Raum beginnt. *Philodina* hat die seltene Fähigkeit, in eine Trockenstarre zu fallen, wenn die Lebensumstände es ergeben. Leicht wie Staub oder Sporen, kann sie der Wind überallhin tragen, natürlich gerne dorthin, wo es wieder Wasser gibt. Doch *Philodina* kann sich in Geduld üben und über mehrere Jahre in der Trockenstarre verharren. Auch extreme Temperaturen, ob heiß oder kalt, können ihr dann nichts anhaben. So schaffen es manche, zu einer anderen Zeit und an einem anderen Ort wieder zum Leben zu erwachen und dort geklonte Töchter in die Welt zu setzen.

Raum-Zeit-Reisen sollen also diese Jungfern vor dem Aussterben bewahren? Das klingt nach schlechter Science-Fiction – wenn man sich nicht der Theorien besinnt, warum es Sex geben könnte: Man vermutet, dass Sex notwendig ist, um gesund zu bleiben. Werden die Gene nicht immer wieder durchmischt, können Parasiten auf Dauer nicht effektiv abgewehrt werden. Doch die Parasiten, die ihr an den Kragen oder besser an die Räder wollen, bleiben bei *Philodinas* Reise auf der Strecke! Sollten sie versuchen, *Philodina* zu folgen, werden sie diese Reise nicht überleben. Eine Durchmischung der Gene und damit Sex scheint für *Philodina* daher nicht nötig. Ihr Motto ist: Werde zu Staub, um dich vor den Parasiten aus dem Staub zu machen. Wenn das tatsächlich die Lösung des Problems ist, sind uns die *Philodina*-Frauen um Jahrmillionen voraus.

Register